高等院校环境类系列教材

环境工程CAD技术

实践教程

朱华清　陈云霞　叶君耀　编著

中国环境出版集团·北京

图书在版编目（CIP）数据

环境工程CAD技术实践教程 / 朱华清，陈云霞，叶君耀编著. -- 北京 : 中国环境出版集团，2024. 7.（高等院校环境类系列教材）. -- ISBN 978-7-5111-5903-8

Ⅰ. X5-39

中国国家版本馆CIP数据核字第2024M55J44号

责任编辑　宾银平
封面设计　彭　杉

出版发行　中国环境出版集团
（100062　北京市东城区广渠门内大街16号）
网　　址：http://www.cesp.com.cn
电子邮箱：bjgl@cesp.com.cn
联系电话：010-67112765（编辑管理部）
发行热线：010-67125803，010-67113405（传真）
印　　刷　玖龙（天津）印刷有限公司
经　　销　各地新华书店
版　　次　2024年7月第1版
印　　次　2024年7月第1次印刷
开　　本　787×1092　1/16
印　　张　13.75
字　　数　357千字
定　　价　56.00元

前　言

人工智能的时代已经开启，CAD 技术正向智能化方向发展，环境工程 CAD 技术领域也需要逐步地引入人工智能技术。本书吸取了编者在新工科与传统工科融合教学改革中取得的经验，将智能 CAD 技术引进“环境工程 CAD”课程，内容编排由浅入深，循序渐进，简明实用。

本教程涵盖 4 个方面的内容：AutoCAD 交互式绘图技术、AutoCAD 智能计算和参数绘图技术、环境工程 CAD 应用案例、AutoCAD 界面控制技术。这些内容被编成 21 个实验，汇成四篇。第一篇含实验一至实验六，这部分内容相对简单，遵照“提点命令、突出常用、提升技能”的原则，介绍了 AutoCAD 界面及相关设置、二维对象的绘制与编辑、自定义方法和三维绘图等。第二篇含实验七至实验十四，重点介绍 AutoCAD 智能计算和参数绘图技术的基础知识，具体内容包括 AutoCAD 科学计算基础、AutoCAD 数据的输入和输出、AutoCAD 智能计算基础、AutoLISP 计算思维、AutoCAD 绘图环境设置和参数绘图方法。第三篇含实验十五至实验十九，主要介绍环境工程 CAD 技术的应用实例，内容涉及环境工程项目的选址计算、建筑构配件的自动设计、水处理工程设备和设施的自动设计、大气污染控制工程设备的自动设计等。第四篇含两个实验，主要介绍两种界面控制技术。实验二十介绍了 AutoCAD 对话框的设计与驱动，并提供了一个综合示例，更多这方面的实现细节可以参考附录三和附录四。实验二十一介绍了 AutoCAD 的两种菜单控制技术，菜单文件编辑技术提供了更加自由、丰富的控制方法，自定义界面编辑器则更加形象、直观和易用。除实验十八的源代码因篇幅过长没有收录外，其余实验所需源代码均被完整收入本教程。另外，本教程还附录了 AutoCAD 交互式绘图常用命令、AutoCAD 命令的 COMMAND 函数调用详解和“环境工程 CAD”课程行动导向教学方法，以供教学参考。

本教程按照实验指导书的格式编排内容，每个实验含5个部分，即实验目的、实验要求、实验内容、实验结果和实验小结。读者学习时应做到熟悉实验目的，牢记实验要求，严格遵循实验步骤，认真学习并上机练习实验中的所有命令、标准表和程序，完整记录实验结果，细致分析并归纳出实验结论。本教程中实践内容基本不受当前AutoCAD软件的版本限制，但仍建议使用2004—2020年的版本。

本教程内容比较宽泛，编写仓促，错误之处在所难免，敬请广大读者批评指正。

编者

目　录

第一篇

AutoCAD 交互式绘图技术

本篇主要介绍 AutoCAD 交互式绘图技术，具体包括 AutoCAD 界面及相关设置、AutoCAD 基本二维对象的绘制、AutoCAD 基本二维对象的编辑、AutoCAD 自定义方法和 AutoCAD 三维绘图基础。

实验一 AutoCAD 界面及相关设置

一、实验目的

1. 熟悉 AutoCAD 的操作界面及其功能；
2. 掌握 AutoCAD 的基本设置方法；
3. 熟记操作界面设置命令。

二、实验要求

1. 学习每项菜单的使用，熟悉各个菜单及其子菜单的功能；
2. 学习各种对话框的使用，熟悉各个对话框的作用及其设置；
3. 熟悉 AutoCAD 绘图前的准备工作。

三、实验内容

1. 认识 AutoCAD

（1）操作界面

AutoCAD 的操作界面如图 1-1 所示，主要有标题栏、菜单栏、工具栏、文档窗口或图形窗口、命令窗口、状态栏和对话框（如“选项”对话框、“草图设置”对话框）等。

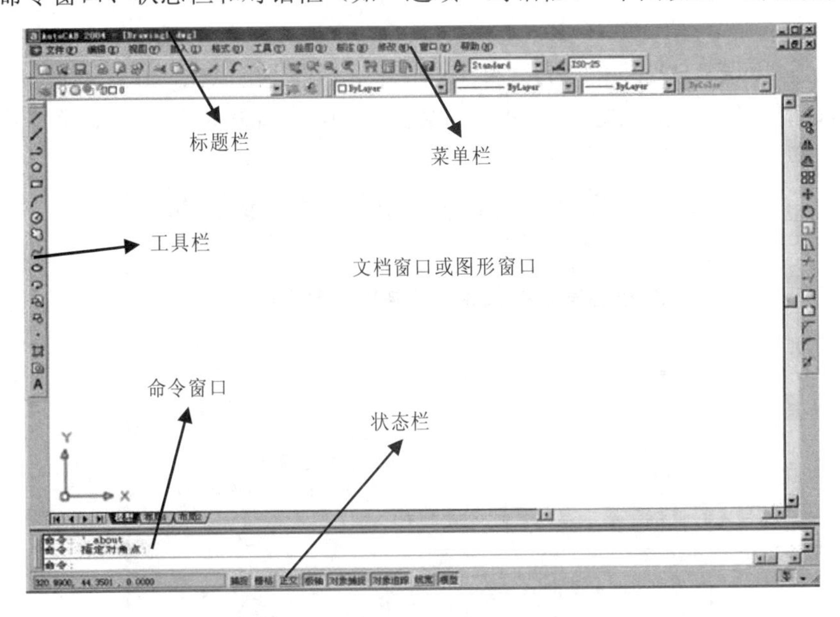

图 1-1 AutoCAD2004 的操作界面

①初始屏幕。

初始屏幕是 AutoCAD 系统启动后且没有收到用户操作之前的界面（图 1-1 就是 AutoCAD2004 的初始屏幕）。

②文档窗口。

文档窗口是 AutoCAD 显示、编辑图形的区域，包括标题栏（每个图形文件均有）、绘图区、滚动条和窗口控制按钮。

③命令窗口。

命令窗口是 AutoCAD 输入命令和显示命令提示的区域，在系统配置对话框中，通过设置可以指明回溯的命令数目，缺省状态下是 400 行。

④文本窗口（按快捷键 F2 或命令 TEXTSCR 开关）。

图 1-2 是 AutoCAD 的文本窗口，显示当前 AutoCAD 命令的输入和执行过程。

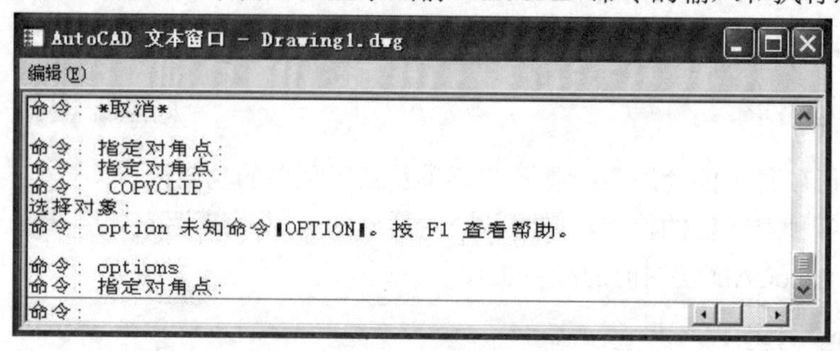

图 1-2 AutoCAD 文本窗口

⑤菜单。

在 AutoCAD 中有下拉菜单、级联菜单（子菜单）、屏幕菜单（较早的版本才有，在“选项”对话框的“显示”页中设置）和光标菜单之分（Shift+鼠标右键）。

⑥工具条（命令：TOOLBAR）。

图 1-3 是 AutoCAD2004 的“自定义工具栏”对话框，可以在此设置停泊在界面上的工具条，选项前打“√”表示选中，“空白”表示未选中。高版本 AutoCAD 系统中，该命令打开“自定义用户界面”对话框（图 1-4）。

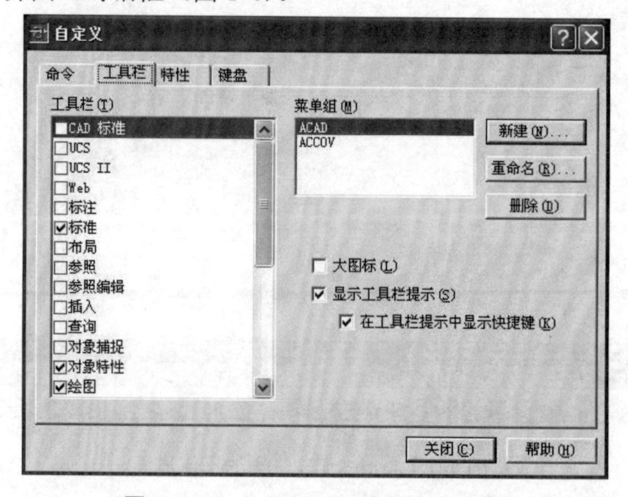

图 1-3 AutoCAD2004 自定义工具栏

图 1-4　自定义用户界面

另外，AutoCAD2014 以上版本的操作界面集成了菜单栏和工具栏，泊靠在传统界面两侧和菜单栏下面的图形工具栏已完全融入了菜单栏，操作界面更加简化，就连命令窗口也可以淡化文本显示（图 1-5），图形窗口更多地被释放出来。

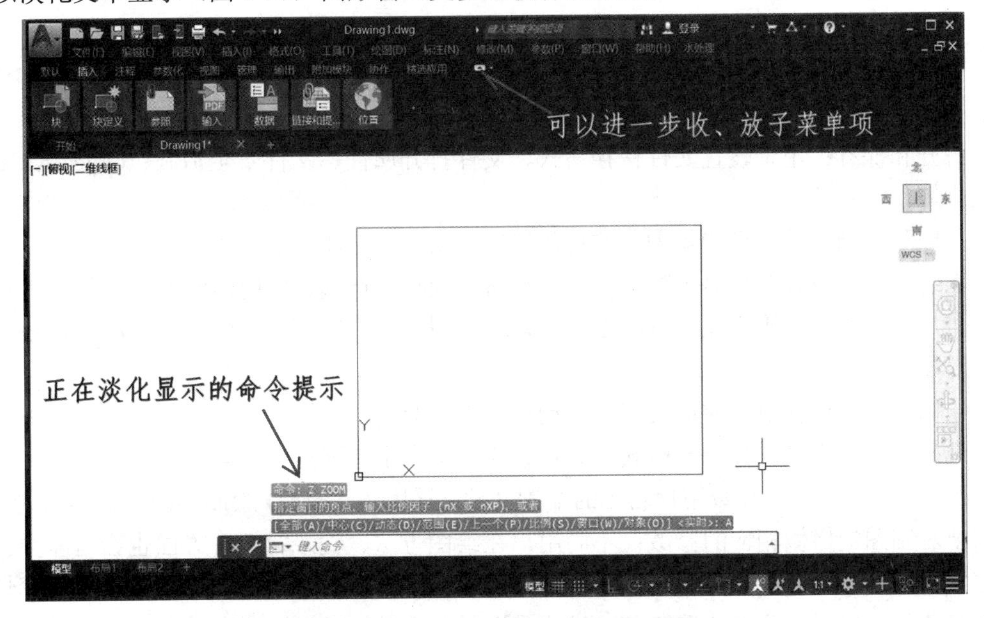

图 1-5　AutoCAD2020 的操作界面

⑦“选项”对话框（命令：OPTIONS）。

图 1-6 是 AutoCAD 的“选项”对话框，集成有“文件”“显示”“打开和保存”“打印和发布”“系统”“用户系统配置”“绘图”“选择集”“配置”等选项。

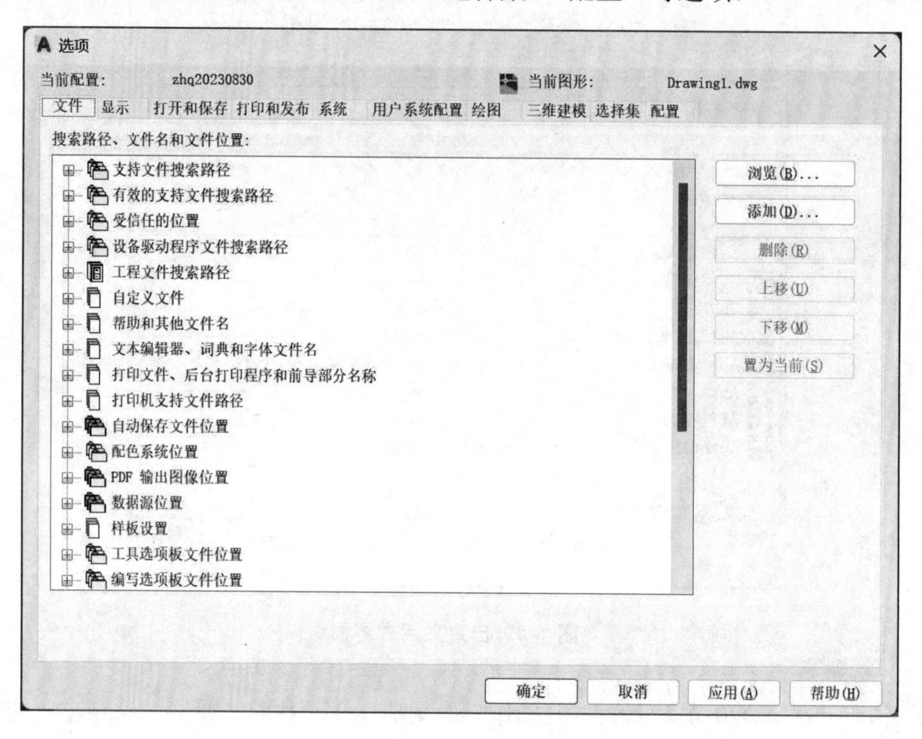

图 1-6 AutoCAD 的“选项”对话框

文件：用于设置文件的信息，如搜索文件路径、自动保存文件的路径等。

显示：用于设置窗口元素、显示精度、布局元素、显示性能、十字光标大小、参照编辑的褪色度等。

打开和保存：用于设置文件保存格式、文件打开属性、文件安全措施、ObjectARX 应用程序等。

打印和发布：用于设置新图形的打印选项、格式、打印机的配置等。

系统：用于设置图形显示特性、定点设备、数据库选项、实时激活器选项等。

用户系统配置：用于设置 Windows 标准、坐标数据输入的优先级、AutoCAD 设计中心、对象排序方式等。

绘图：用于设置自动捕捉设置、自动追踪设置等。

选择集：用于设置选择集模式、夹点、拾取框大小、夹点大小等。

配置：用于保存、加载用户自己的配置文件。采用 AutoCAD 绘制不同专业图纸时，通常需要对制图规格做相应的修改；不同用户在绘图方法、输入习惯等方面也会有差异。这些差异，有些需要通过修改 AutoCAD 的系统配置才能解决。逐一更改这些设置不但麻烦而且容易疏漏，采用配置文件保存、加载这些设置，可以相对轻松地应对。

（2）操作界面的设置方法

操作界面可以采用交互式设置、配置文件设置和参数化设置等方法，本实验仅介绍前二者，参数化设置方法将在实验十一中详细介绍。

例如，设置“对象捕捉模式”为：端点（1）、中点（2）、圆心（4），并增加“支持文件搜索路径”为“d：\zhq”，以及“自动保存文件位置”为“d：\zhq\archdwg”，做法如下：

①交互式设置方法

Ⅰ. 用命令 OSNAP 打开“草图设置”对话框的“对象捕捉模式”页，勾选对应项；或者直接在命令窗口输入、执行系统变量 OSMODE（可当命令使用），输入 7（1+2+4=7）响应提示。

Ⅱ. 用 OPTIONS 命令打开“选项”对话框的“文件”页，分别设置“支持文件搜索路径”和“自动保存文件位置”为所需路径。

②配置文件设置方法

当交互式设置完成后，进入“选项”对话框的“配置”页，单击“输出”，将配置文件（*.ARG）保存至所需路径。当 AutoCAD 系统的上述参数被修改而需要还原时，通过“输入”配置文件并“置为当前”，就可以快速完成设置。

2. 输入工具

（1）鼠标

鼠标是用户和 Windows 应用程序进行信息交互的重要工具。在 AutoCAD 中，使用鼠标操作进行画图、编辑非常灵活方便，对于加快绘图速度，提高绘图质量有着至关重要的作用。在 AutoCAD 中鼠标有如下操作：左键单击、右键单击、转轮。

（2）键盘

键盘是计算机的基本输入工具，AutoCAD 为键盘定义了许多功能键：

空格键：可代替回车键，确认或结束一条命令，前一命令之后敲入表示重新输入该命令。

Ctrl+X：用来删除一行命令（回车确认之前），还可用来剪切图形窗口的所选图形。

Esc：用来取消或中断命令。

Ctrl+C：用来将所选图形复制到剪切板。

Ctrl+V：将剪切板中的内容粘贴到当前插入点。

注意：复制、粘贴快捷键可以在图形文件之间实现图形的拷贝，而 COPY 命令做不到。

Ctrl+Z：撤销上次操作，功能近似于 UNDO 命令。

3. 命令执行方式

（1）命令窗口输入

在命令窗口中“COMMAND：”提示符之后输入绘图或编辑命令（或者系统变量），以空格或回车键结束。当需要重复执行上一条命令时，直接敲入空格或回车键。

（2）屏幕菜单输入

可以在“选项”对话框的“显示”页中设置，使之显示在图形窗口，之后便可用来输入命令。

（3）下拉式菜单输入

单击相应的菜单项便可执行。

（4）工具条输入

单击工具栏上相应的工具条便可执行。

（5）对话框输入

启动对话框后，输入相应的参数便可执行。

下面介绍几个常用对话框命令：

1）图层管理器（LAYER）

计算机辅助绘图（虚拟绘图）彻底打破了手工绘图的诸多限制。例如，计算机可以在一张图纸上建立多张相同幅面的虚拟图纸（图层），将具有相同特征的图素放在一个图层上，方便开关、冻结、修改等管理操作，最后打印图纸或输出图形文件的时候再将各图层叠合在一起。采用AutoCAD绘制的环境工程图纸上通常需要建立4～5个图层，分别绘制主要轮廓、次要轮廓、细部构造、辅助线、尺寸标注等内容，即按图形内容命名图层。《房屋建筑制图统一标准》（GB/T 50001—2017）也规定了“计算机辅助制图文件图层”的命名。图层建立后，可以设置它的颜色、线型和线宽等属性，以及开关、冻结、锁定等状态，如图1-7所示。

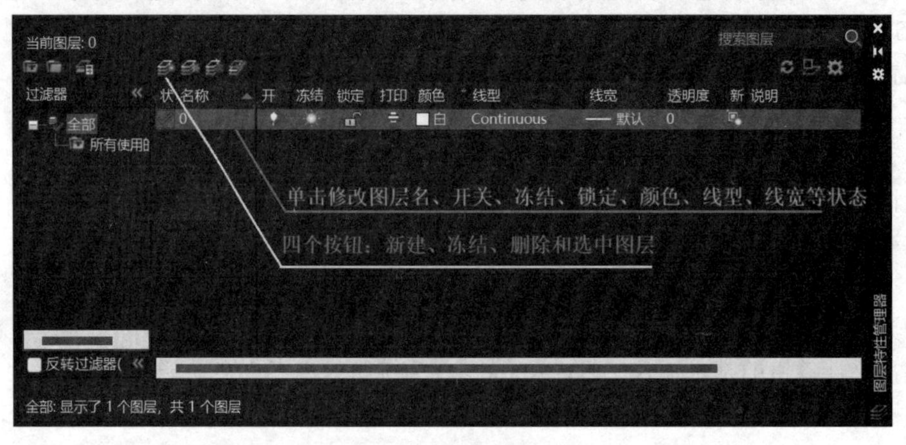

图1-7　图层管理器

2）“草图设置”对话框（DDRMODES、OSNAP）

图1-8是“草图设置”对话框，它集成了“捕捉和栅格”“极轴追踪”“对象捕捉”等设置页面。

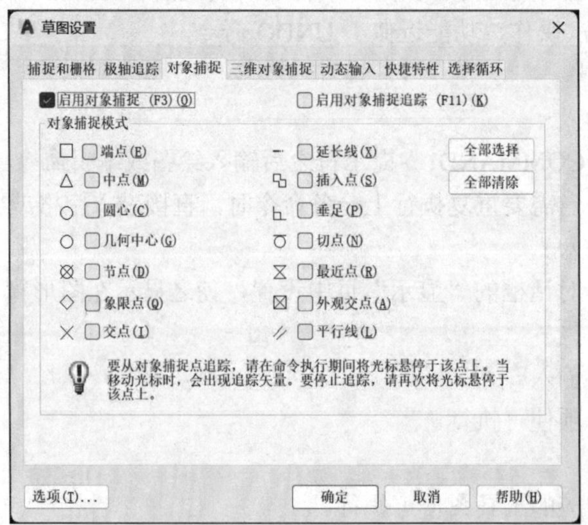

图1-8　“草图设置”对话框

例如，交互式绘图时启用“对象捕捉模式”，配以 AutoCAD 磁吸功能，可以快速、准确地捕捉坐标给绘图命令；当文件中图素多而密集时，“对象捕捉模式”会成为累赘。另外，启用“对象捕捉模式”也会干扰参数绘图过程。因此，有必要熟悉“草图设置”对话框的使用。

3）标注样式管理器（DIMSTYLE）

标注样式管理器（图 1-9）用来新建、修改、替代或比较标注样式。不同专业图纸的尺寸标注样式差别较大。例如，环境工程制图通常需要区分建筑工程制图和机械制图两种制图规格，它们在尺寸标注样式上的区别有尺寸起止符、单位、数字精度等。这些可以通过标注样式管理器的“修改”项设置，如图 1-10 所示。

图 1-9 标注样式管理器

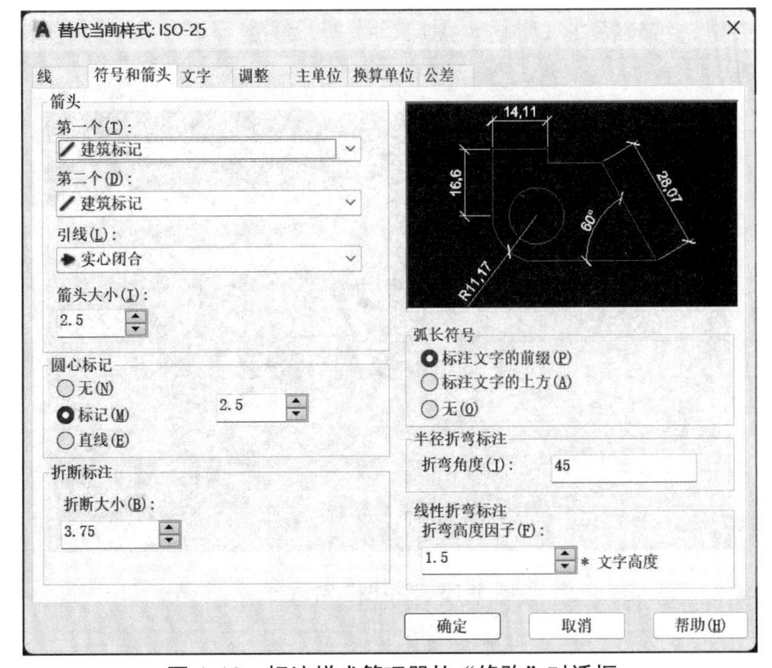

图 1-10 标注样式管理器的“修改”对话框

4）图形单位（DDUNITS）

使用命令 DDUNITS 或 UNITS 可以打开“图形单位”对话框，如图 1-11 所示。在“长度”选项中，可以设定长度单位的类型和精度；在“角度”选项中，可以设定角度单位的类型和精度，以及正角度增长方向（“顺时针”复选框）。AutoCAD 默认设置正东为零角度方向，如果要另行指定基准角度方向，单击“方向（D）…”按钮，调出“方向控制”对话框（图 1-12）设置。

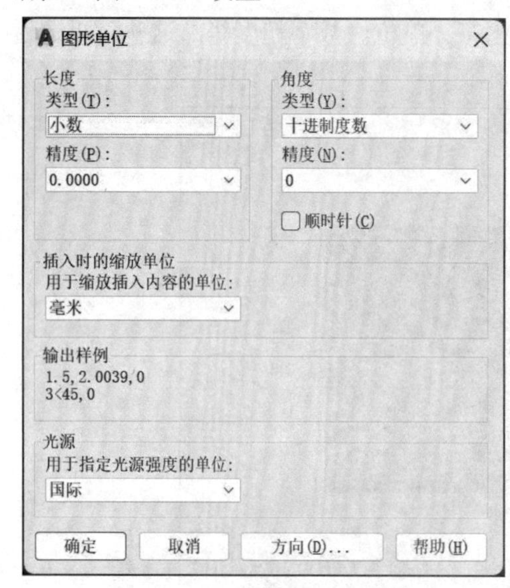

图 1-11 “图形单位”对话框

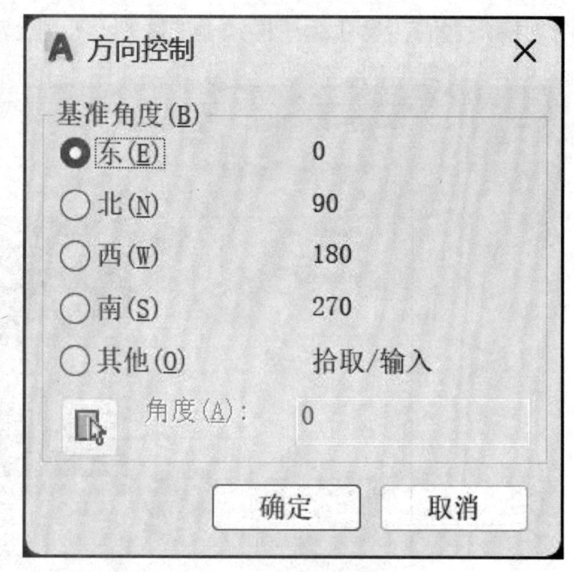

图 1-12 “方向控制”对话框

5）“特性”对话框（PROPERTIES、DDCHPROP）

通过命令 PROPERTIES 或 DDCHPROP 可以打开“特性”对话框（图 1-13），用来显示或修改对象类型、常规特性（颜色、图层、线型、线宽等）和几何图形参数（如顶点坐标、面积等）等。

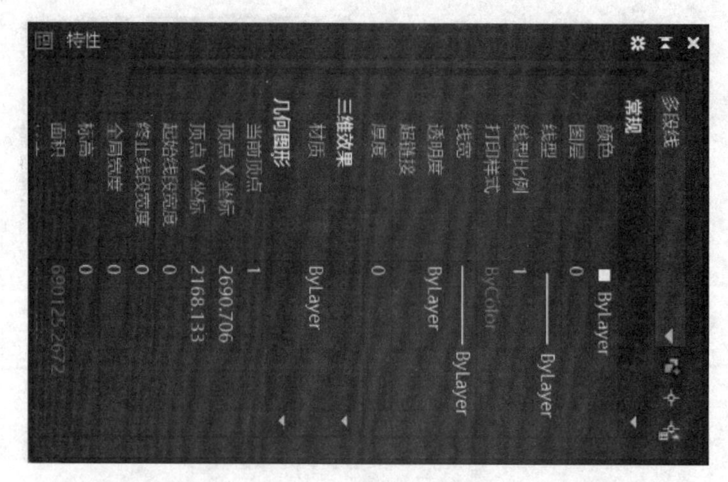

图 1-13 “特性”对话框

4．管理图形文件

（1）新建图形文件（NEW）命令

（2）打开已有的绘图文件（OPEN）命令

（3）存储文件（SAVE）命令

（4）赋名存储文件（SAVE AS）命令

（5）快速存储文件（QSAVE）命令

（6）自动定时存储文件的方法

①OPTIONS→“打开和保存”→自动保存时间间隔（按单位分钟输入想要设置的时间）；

②设置系统变量 SAVETIME（在命令窗口启动命令）。

（7）退出 AutoCAD（EXIT、QUIT）

5．绘图准备

（1）图纸幅面设置

图 1-14 为横式图纸幅面的基本内容，主要有幅面线、图框线、绘图区（图框线内）、会签栏、标题栏、装订边、对中符等。竖式图纸使用较少，具体请参考《房屋建筑制图统一标准》（GB/T 50001—2017）。

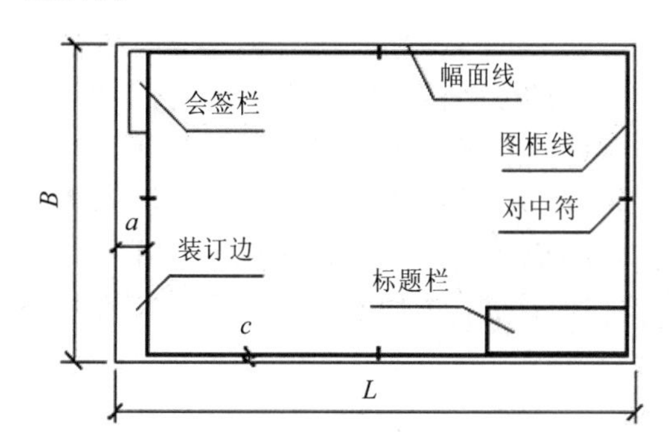

图 1-14　横式图纸幅面

1）计算幅面尺寸

表 1-1 为图纸幅面尺寸，如果尺寸不够，可以选大一号幅面，也可以沿长边加长图纸，具体加长尺寸参看《房屋建筑制图统一标准》（GB/T 50001—2017）。在新建图形文件（*.dwg）的时候，通常需要根据所绘设施/设备的尺寸和选用的比例尺，计算该选用的图纸幅面尺寸，并据此选用图形文件模板（*.dwt）来建立图形文件。

表 1-1　图纸幅面　　单位：mm

尺寸 代号	幅面代号				
	A0	A1	A2	A3	A4
$B \times L$	841×1189	594×841	420×594	297×420	210×297
c	10			5	
a	25				

例如，选用 1∶100 的比例尺，在 AutoCAD 中抄绘如图 1-15 所示的辐流式沉淀池剖立面图，确定图形直径方向（图纸水平的长度）最大尺寸为 25 680 mm，乘以比例尺后为

256.8 mm，再加上图形左侧的尺寸标注两层尺寸（每侧通常会标注三层尺寸：定形尺寸、定位尺寸和总体尺寸，层间距最小为 6～10 mm，本例中没有定位尺寸）所占约 30 mm，该图形所占实际水平尺寸约为 290 mm，因此，选用 A4 图纸幅面会显得非常紧凑，而选 A3 幅面则比较宽松。

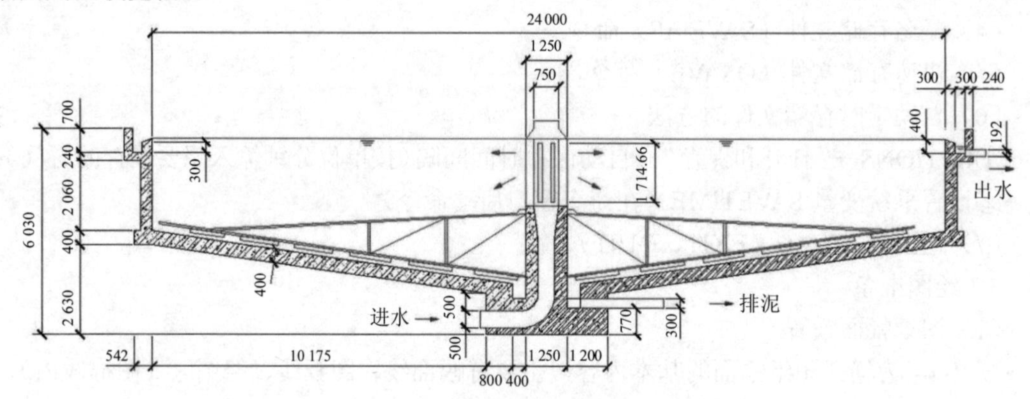

图 1-15 辐流式沉淀池的剖立面图

2）设置幅面参数

AutoCAD 系统提供了一些图形文件模板，已经设定并画好了图纸幅面，用户可以直接在其中绘图、签名和注写设计信息等，也可以自己设计新的图形文件模板（与新建图形文件一样，用命令 NEW，保存文件的扩展名为 dwt）。根据计算结果，在 AutoCAD 中选择幅面适合的模板文件建立图形文件，或者新建图形文件，并设置相关幅面参数（如比例尺、图形界限等），再将其保存成图形文件模板，之后再在这个模板的基础上建立图形文件。

Ⅰ. 图形界限的设置

LIMITS 命令即开关命令，也是图形界限参数设置命令。在命令窗口启动后的提示和回馈（斜体）如下：

重新设置模型空间界限:

指定左下角点或 [开(ON)/关(OFF)] <0.0000,0.0000>:↙（表示回车或空格，默认）

指定右上角点 <420.0000,297.0000>:↙

下面重新执行该命令，选择[开(ON)]模式：

命令: LIMITS↙（这里因为是**重复执行命令，可以不用再输命令而直接按回车或空格**）

重新设置模型空间界限:

指定左下角点或 [开(ON)/关(OFF)] <0.0000,0.0000>: ON↙

下面的操作是将整个图纸幅面显示在当前图形窗口，命令的全称是 ZOOM（缩写为 Z）

命令: Z↙

指定窗口的角点，输入比例因子 (nX 或 nXP)，或者

[全部(A)/中心(C)/动态(D)/范围(E)/上一个(P)/比例(S)/窗口(W)/对象(O)] <实时>: A↙

正在重生成模型。

现在，尝试在图纸幅面之外绘制一个点，看看 AutoCAD 会有如何反应。

命令: POINT↙

当前点模式: PDMODE=0 PDSIZE=0.0000

*指定点:*鼠标在左下角单击

***超出图形界限*

指定点: 0,0↙

命令: DDPTYPE PTYPE 正在重生成模型。

正在重生成模型。

最后再画点（420，297），结果如图 1-16 所示。默认状态下，POINT 生成的就是屏幕上的一个亮点，较难被发觉，所以要用命令 DDPTYPE（或 PTYPE）设置其显示样式为⊠或其他。

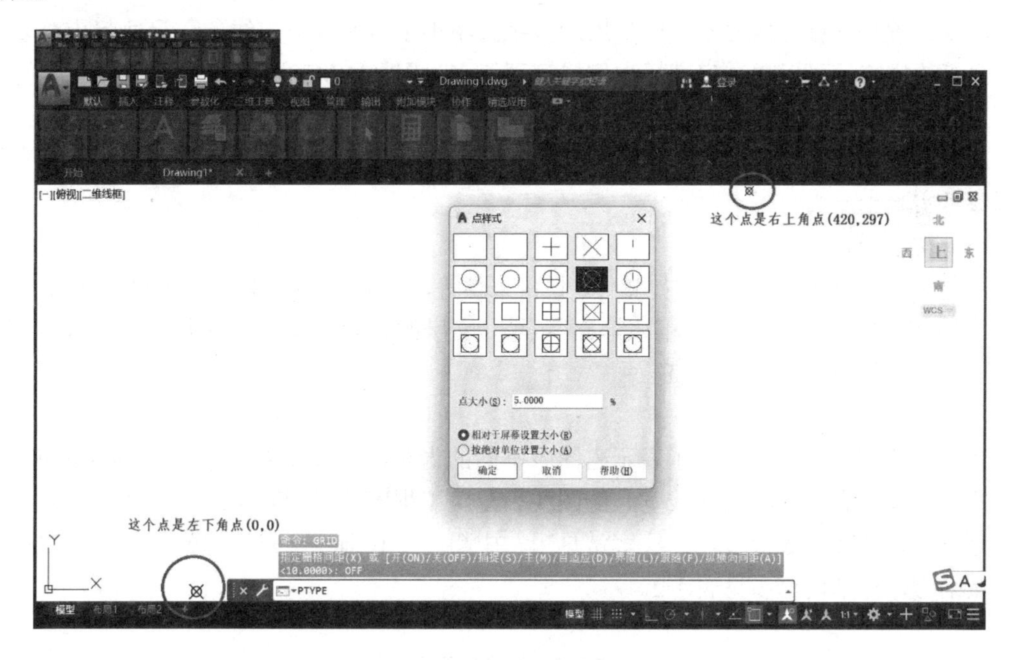

图 1-16 图形界限设置效果

Ⅱ. 图纸标题栏和会签栏

工程图纸应有工程名称、图名、图号、设计号及设计人、绘图人、审批人的签名和日期等，将这些集中列表放在图纸的右下角，称为图纸标题栏。标题栏长一般为 180 mm，宽多为 30 mm、40 mm 或 50 mm，如图 1-17（a）所示。

（a）标题栏

专业	姓名	日期

20 5 5 5 5 25 25 25 75

（b）会签栏

图 1-17 标题栏和会签栏

会签栏是为各工种负责人签字用的表格，放在图纸左侧上方的图框线外，其尺寸应为 75 mm×20 mm，如图 1-17（b）所示。

Ⅲ. 比例和图名

建筑工程图通常要缩小绘制在图纸上，而机械工程图中又会有一些很小的零件需要放大绘制在图纸上，图样中图形与实物相对应的线性尺寸之比称为比例。比值比 1 大的比例称为放大比例，等于 1 的比例称为原值比例，小于 1 的比例称为缩小比例。

图名就是工程图的名字，一般写在该图的正下方。图名下画一条粗线，其粗度不应粗于本图纸上所画图形中的粗实线，同一张图纸上的这种横线粗度应一致，图名下的横线长度，应以图名文字所占长短为准。比例书写在图名的右侧，字号应比图名小一号或两号，当一张图纸中所有图形只用一种比例时，比例可统一写在图纸的标题栏内。

（2）标注样式

主要设置尺寸标注四要素中所使用的数字（不小于 2.5 mm）、线条、尺寸起止符以及比例尺等的样式，可以通过启动标注样式管理器来设置（DIMSTYLE→修改：“线”“符号和箭头”“文字”“主单位”等页面均有设置内容），也可以直接用系统变量设置（例如，DIMTXT 设置字高、DIMLFAC 设置比例尺、DIMBLK 设置尺寸起止符等，更多系统变量设置参考实验十一）。

（3）文字样式

主要设置字体名（中文字体如黑体、长仿宋体等，外文字体如 Times New Roman、Italic 等）、字体样式（常规、斜体、粗体等）、字号（文字的高度，汉字高不小于 3.5 mm）等，详细可参考实验四的命令 STYLE。

（4）图线

在绘制建筑工程图时，为了表示出图中不同的内容，并且能够分清主次，必须使用不同型式（线型）和不同粗细（线宽）的图线。建筑工程图的线型有实线、虚线、点划线、双点划线、折断线、波浪线等；线宽常见粗、中粗、中和细线，随用途的不同而反映在图线的粗细上，详细用途参见表 1-2。

表 1-2 图线及用途

名称		线型	宽度	用途
实线	粗		b	1．主要可见轮廓线 2．平、剖面图中主要构配件断面的轮廓线 3．建筑立面图中外轮廓线 4．详图中主要部分的断面轮廓线和外轮廓线 5．总平面图中新建建筑物的可见轮廓线
	中粗		$0.7b$	可见轮廓线（如平面图中诸如台阶、门、地脚等较重要轮廓线、剖面图中未剖到的主要轮廓等）、变更云线
	中		$0.5b$	细部构造、尺寸线等
	细		$0.25b$	图例填充线、家具线等
虚线	粗		b	参见各有关专业制图标准
	中粗		$0.7b$	不可见轮廓线
	中		$0.5b$	不可见轮廓线（细部）、图例线
	细		$0.25b$	图例填充、家具线

名称		线型	宽度	用途
单点划线	粗		b	参见各有关专业制图标准
	中		$0.5b$	参见各有关专业制图标准
	细		$0.25b$	中心线、对称线、轴线等
双点划线	粗		b	参见各有关专业制图标准
	中		$0.5b$	参见各有关专业制图标准
	细		$0.25b$	假想轮廓线、成型前原始轮廓线
折断线			$0.25b$	断开界线，多用于表达详图时与余部断开
波浪线			$0.25b$	破开界线，多用于局部剖面图中

使用命令 LINETYPE 可以打开线型管理器，在其中完成线型的加载（详细参考实验三），在图层管理器中设置线宽。给排水工程图中需要区别表示废水、污水、净水和雨水等的管线，会用到特殊线型，如以文字取代点的点划线，需要自定义线型，可以参考实验五。

粗线的宽度代号为 b，它应根据图的复杂程度及比例大小从线宽系列（0.18 mm、0.25 mm、0.35 mm、0.5 mm、0.7 mm、1.0 mm、1.4 mm、2.0 mm）中选取。通常，绘制比例较小的图或比较复杂的图，选取较细的线，计算机绘图比手工绘图选用更小线宽。

四、实验结果

1．列出 AutoCAD 的操作界面。

2．列出 AutoCAD 的命令执行方式。

3．列出命令 OPTIONS、OSNAP、LAYER、DIMSTYLE、PROPERTIES、NEW 等对话框的执行结果。

4．描述创建 A3 幅面建筑工程图纸模板文件的过程。

五、实验小结

分析实验的准备和实施过程中出现的情况，对照实验结果，写出实验结论。

实验二　AutoCAD 基本二维对象的绘制

一、实验目的

1．熟悉并掌握 AutoCAD 的坐标输入方法；

2．熟悉 AutoCAD 的基本二维对象的绘制方法；

3．熟记 AutoCAD 的基本二维对象的绘制命令。

二、实验要求

1．学习 AutoCAD 各种坐标的含义，熟悉坐标的输入方法；

2．学习 AutoCAD 基本二维对象各种绘制途径，熟悉它们的绘制方法；

3．学习并熟记基本二维对象绘制命令。

三、实验内容

1．精确输入点的坐标

（1）键盘输入

1）绝对坐标

Ⅰ．直角坐标：如 100，200，表示 x=100，y=200。

Ⅱ．极坐标：如 100<90，表示极径为 100 的线段绕原点由正东位置起，逆时针转过 90°角后所到的端点坐标。

Ⅲ．球面坐标：如（$r<A<B$），r 为极径，A、B 分别为 r 在 xOy 面上的投影与 Ox 轴和 r 的夹角，如图 2-1（a）所示。

Ⅳ．柱面坐标：如（$r<A$，Z），r 为极径，A 为 r 在 xOy 面上的投影与 Ox 轴的夹角，Z 为 r 在 Oz 轴上的投影，如图 2-1（b）所示。

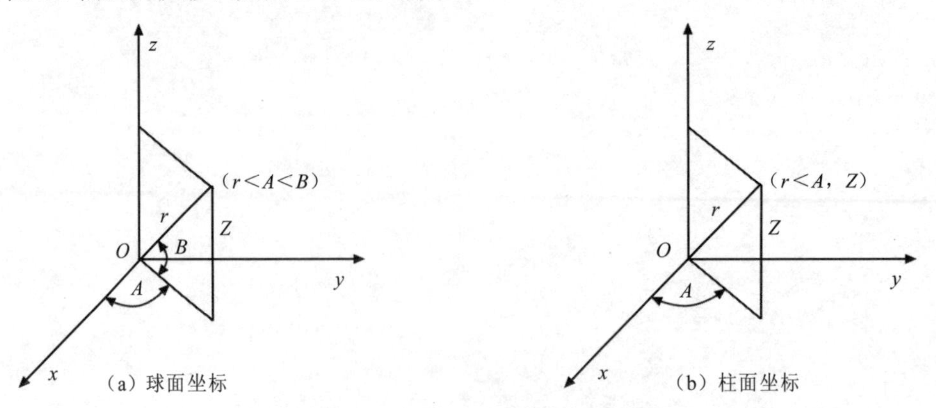

（a）球面坐标　　（b）柱面坐标

图 2-1　AutoCAD 球面坐标和柱面坐标

2）相对坐标

在绝对坐标前加上@符号，相应有相对直角坐标、相对极坐标、相对球面坐标、相对柱面坐标。例如：

@100，–50，表示相对直角坐标，坐标值由上一个绘图点的 x、y 坐标分别增加 100 和负 50（向负轴方向移动 50）。

@100<–45，表示相对极坐标，由极径为 100 的线段绕上一个绘图点沿正东顺时针转过 45°角所到点。

通过键盘输入坐标，是 AutoCAD 交互式精确绘图中最常用的坐标输入方式。直角坐标和极坐标是 4 种坐标中最常用的，它们可以方便地应对所有二维坐标的输入需求。球面坐标和柱面坐标通常用在三维实体的绘制中，如果是通过对二维对象的拉伸、旋转等方式来生成三维对象，则直角坐标和极坐标的使用会更显得游刃有余。

（2）捕捉输入

在命令的点参数输入提示下，通过输入自动捕捉命令（缩写命令+磁吸+单击）输入坐标。捕捉方式有 CEN（中心点）、END（端点）、INS（插入点）、INT（交点）、MID（中点）、NEA（最近点）、NOD（用二维对象绘制命令 POINT 或 DIVIDE、MEASURE 等编辑命令生成的点，叫作节点）、PER（垂足）、QUA（最近的象限点）、TAN（切点）等（加粗部分即为该缩写命令）。

2．对象选择

（1）窗口选择

单击鼠标左键后，从左向右拉出蓝色实线框选取对象，它只能选中完全位于该区域内的对象。

（2）交叉窗选

单击鼠标左键后，从右向左拉出绿色虚框选取对象，它将不仅选中窗口内部的对象，与窗口边界相交的对象也将被选中。

3．AutoCAD 基本二维对象的绘制

（1）画线命令

①画直线段（LINE）。

②双向构造线（XLINE）：有直连、水平（H）、竖直（V）、角度（A）、二等分（B）、偏移（O）等方式。

③单向构造线（又叫射线，RAY）。

（2）画圆命令（CIRCLE）

①CENTER，RADIUS：圆心，半径。

②CENTER，DIAMETER：圆心，直径。

③2POINTS（2P）：直径的端点。

④3POINTS（3P）：不在一条直线上的 3 个点。

⑤TAN，TAN，RADIUS（TTR）：两个相切对象，半径。

（3）圆弧命令（ARC）

①3P：

②S，C，E：

③S，C，A：

④S，C，L：

⑤S，E，A：

⑥S，E，D：

⑦S，E，R：

⑧C，S，E：

⑨C，S，A：

⑩C，S，L：

注：S，起点；E，终点；C，圆心；A，圆弧所对的圆心角；L，弦长。

（4）画矩形和正多边形

①画矩形（RECTANGLE）：有角点画、倒角（C）、标高（E）、圆角（F）、厚度（T）、宽度（W）6种方式。

②画正多边形（POLYGON）：

定中心（I/C两种方式）画法；

定边（E）画法。

（5）画点（POINT）

SINGLE POINT：

MULTIPLE POINT：

通常仅由编辑命令生成节点，POINT是唯一能生成节点的二维对象绘制命令。

（6）点样式设置命令（DDPTYPE或PTYPE）

（7）等分命令（DIVIDE）

将对象按输入的份数等分，或用块等分。

（8）测量命令（MEASURE）

这个命令的功能与DIVIDE相似，但它是按固定长度等分对象，而剩余不够固定长度的部分。

（9）画椭圆和椭圆弧（ELLIPSE）

①画椭圆的方式：

S，E，R：R为另一半轴长。

C，E，R：

旋转圆：将定义好的圆绕直径转过一个夹角（＜90°），往下正投影即椭圆。

②椭圆弧绘制过程：选定绘制模式［圆弧（A）］→确定椭圆参数→确定椭圆弧。

（10）绘图填充圆环、填充直线和填充多边形

①画圆环（DONUT）；

②画迹线（TRACE）；

③实体填充（SOLID）：例如，填充建筑平面图中的柱子■，选点顺序应该是：从同侧开始依次捕捉对边的两个端点，即P_1→P_2→P_3→P_4，如图2-2所示。

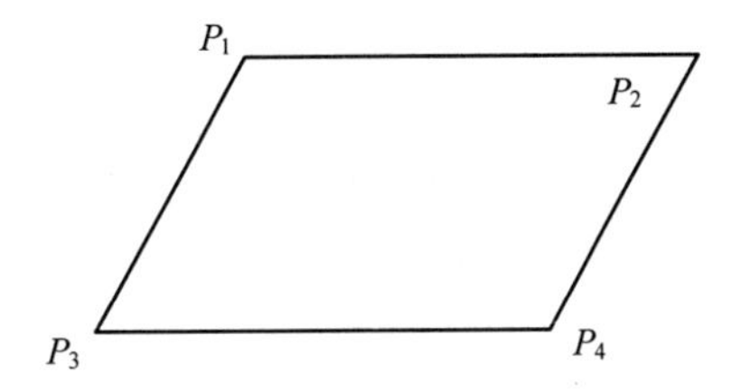

图 2-2　四边形实体填充的选点顺序

④填充开关（FILL）：需要配合 REGEN 命令才能看到效果。

（11）绘制和编辑多义线

①画多义线（PLINE）：

有直连、圆弧（A）、半宽（H）、长度（L）、放弃（U）、宽度（W）等模式。

②编辑多义线（PEDIT）：

有闭合（C）、打开（O）、合并（J）、宽度（W）、拟合（F）、样条曲线（S）、非曲线化（D）、线型生成（L）、反转（R）等模式。

（12）徒手画命令（SKETCH）

（13）绘制和编辑多重线

①画多线（MLINE）。

②多线样式设置（MLSTYLE）。

③多线编辑工具（MLEDIT）。

尝试用命令 MLINE 画两条垂直相交的双线（或三线，须命令 MLSTYLE 修改双线定义，增加一条线），再用命令“多线编辑工具”中的“十字合并”（图 2-3）使之合并。

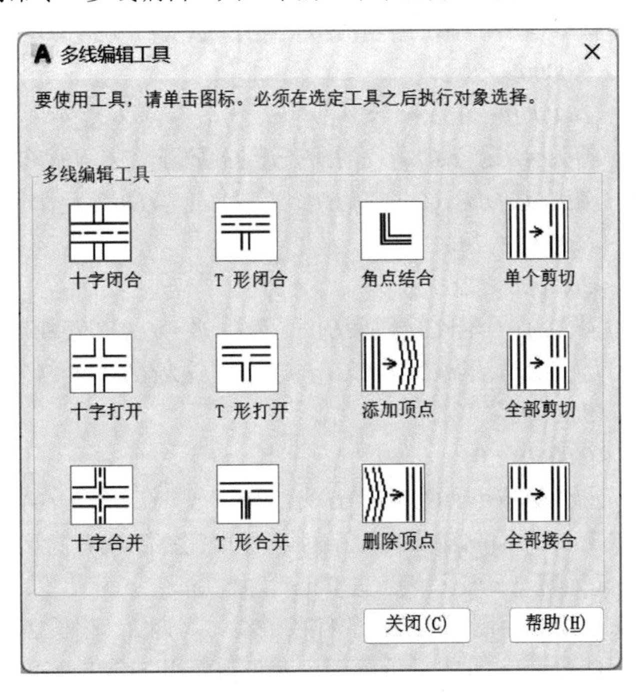

图 2-3　多线编辑工具

（14）绘制样条曲线（SPLINE）

SPLINE 创建称为非均匀有理 B 样条曲线（NURBS）的曲线，简称样条曲线（画法参考图 2-4）。样条曲线使用拟合点或控制点进行定义，默认情况下，拟合点与样条曲线重合，而控制点定义控制框；控制框提供了一种便捷的方法，用来设置样条曲线的形状。

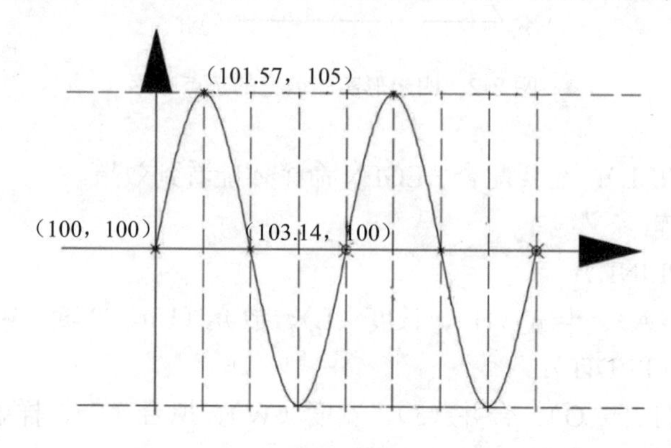

图 2-4　XLINE、PLINE 辅助绘制样条曲线

4．用 PLINE 命令绘制一个二极管（引线长 50 mm，负极高 20 mm、长 1 m，正极尾高 20 mm、尖 0 mm、长 20 mm）

输入命令 PLINE 后提示（斜体）和回馈如下：

指定起点: 0,0↙

当前线宽为 0.0000

指定下一点或 [圆弧(A)/半宽(H)/长度(L)/放弃(U)/宽度(W)]: @50<0↙

指定下一点或 [圆弧(A)/闭合(C)/半宽(H)/长度(L)/放弃(U)/宽度(W)]: W↙

指定起点宽度 <0.0000>: 20↙

指定端点宽度 <20.0000>: 0↙

指定下一点或 [圆弧(A)/闭合(C)/半宽(H)/长度(L)/放弃(U)/宽度(W)]: @20<0↙

指定下一点或 [圆弧(A)/闭合(C)/半宽(H)/长度(L)/放弃(U)/宽度(W)]: W↙

指定起点宽度 <0.0000>: 20↙

指定端点宽度 <20.0000>: 20↙

指定下一点或 [圆弧(A)/闭合(C)/半宽(H)/长度(L)/放弃(U)/宽度(W)]: @1<0↙

指定下一点或 [圆弧(A)/闭合(C)/半宽(H)/长度(L)/放弃(U)/宽度(W)]: W↙

指定起点宽度 <20.0000>: 0↙

指定端点宽度 <0.0000>: 0↙

指定下一点或 [圆弧(A)/闭合(C)/半宽(H)/长度(L)/放弃(U)/宽度(W)]: @50<0↙

5．请借助命令 XLINE（绘制辅助线，虚线线型，用完擦除或者隐藏辅助图层）和 PLINE（绘制坐标轴，箭头起点宽 1 mm，终点宽 0 mm，箭头长 2 mm），以（100，100）为起点坐标，用 SPLINE 命令绘制如图 2-4 所示的样条曲线（周期 2，波长 2π，振幅 5，图 2-4 中显示的坐标[用命令 ID 查询]并非提供给绘图，而是需要用 TEXT 命令绘制的坐标文本）

6．练习绘制图 2-5 中的线段 *AB*、*BC*、*AB*、*AC*、*CD*

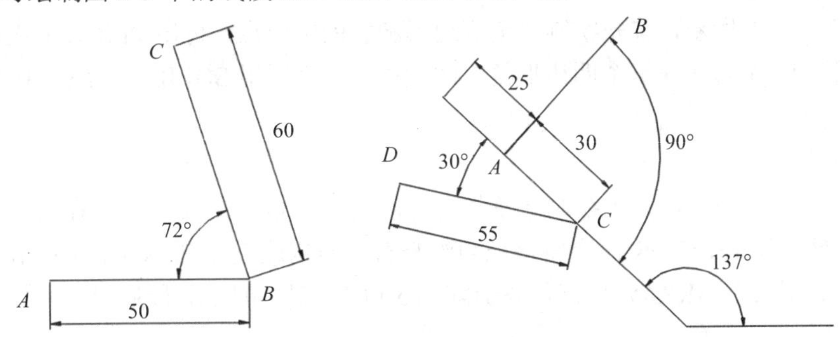

图 2-5　线段绘制

7．尝试利用 3P 画圆方式，画出图 2-6 中的 C4 和′C4（抑或更多）

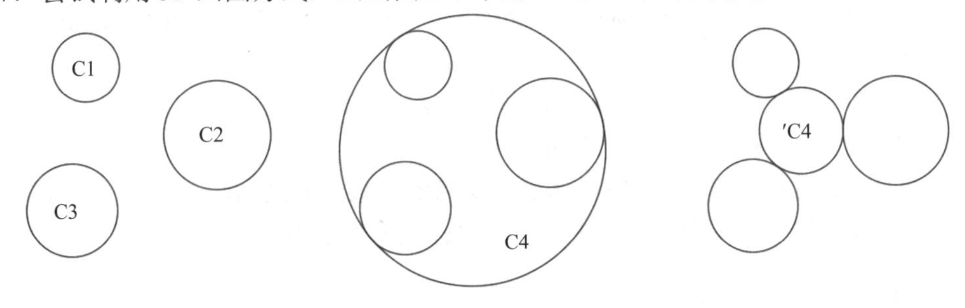

图 2-6　画与 3 个圆相切的圆

以画 C4 为例，输入命令 CIRCLE 后提示（斜体）和回馈如下：

指定圆的圆心或 [三点(3P)/两点(2P)/切点、切点、半径(T)]: 3P ↙ *指定圆上的第一个点:* TAN↙ *到*

指定圆上的第二个点: TAN↙ *到*

指定圆上的第三个点: TAN↙ 到

8．练习绘制一个五角星（五个角分别填充红、蓝、黄、紫、绿）

（1）等分圆法

如图 2-7（a）所示，首先绘制一个圆，将其五等分后，用 PLINE 依次间隔连接等分生成的节点，其次用 TRIM 修剪掉每个四边形角中间的横线，最后用 SOLID 或 HATCH 命令填充颜色。

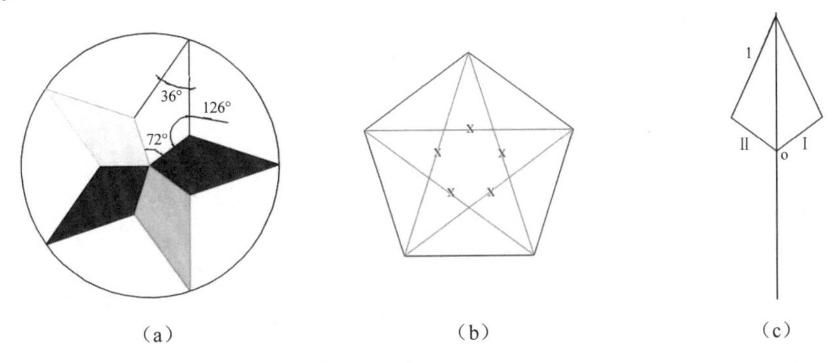

图 2-7　五角星的 3 种画法

（2）五边形法

如图2-7（b）所示，首先绘制一个五边形和它的中心点，再用PLINE依次间隔连接顶点，其次用TRIM修剪掉每个四边形角中间的横线，最后用SOLID或HATCH命令给每个角填充颜色。

（3）阵列法

如图2-7（c）所示，首先绘制一条竖直双向构造线O，再用PLINE在其一侧绘制一个钝角（I），然后用MIRROR命令将该钝角沿竖直双向构造线O镜像（II）成五角星的一个角（1），接着用命令ARRAY将该角环形阵列5份（360° 范围），最后用SOLID或HATCH命令给每个角填充颜色。

四、实验结果

1．结合LINE命令的使用，说明笛卡尔坐标（直角坐标）和极坐标在输入方式上（绝对和相对坐标）的区别。

2．结合XLINE命令的使用，说明辅助线的绘制方法。

3．列出圆（弧）和椭圆（弧）的所有绘制方法。

4．比较在不同FILL（ON/OFF）状态下所绘制二极管的区别。

5．比较SOLID命令在不同选点顺序下填充四边形的区别。

五、实验小结

分析实验的准备和实施过程中出现的情况，对照实验结果，写出实验结论。

实验三 AutoCAD 基本二维对象的编辑（一）

一、实验目的

1．熟悉并掌握 AutoCAD 图形修改、编辑方法；
2．熟悉 AutoCAD 尺寸标注及块操作方法；
3．熟记 AutoCAD 的基本编辑命令。

二、实验要求

1．学习各种图形修改、编辑方法，掌握它们的运用技巧并熟练应用于图形绘制；
2．学习 AutoCAD 中的尺寸标注（建筑工程制图标准）方法，掌握它们的运用技巧；
3．学习使用并熟记各修改、编辑命令。

三、实验内容

1．设置绘图单位（DDUNITS）
2．设置图形界限（LIMITS）
3．调用定点绘图辅助工具
（1）格栅（GRID）：在绘图区开/关格栅显示。
（2）捕捉（SNAP）：开/关靶框捕捉移动方式，也可以设置靶框移动间距。
（3）正交（ORTHO）：开/关正交捕捉模式。

这 3 个命令都是透明命令，即在不中断当前命令的条件下可以执行的命令。如果需要透明地执行该命令，只要在当前命令执行状态下输入：‘透明命令+回车或空格。

4．设置目标捕捉精确定位点（DDOSNAP 或 OSNAP）

5．线型管理器（LINETYPE）

默认情况下，当前可用线型为“Continuous”，即实线。如果需要使用其他线型，则需要通过“线型管理器”将其从线型文件（acadiso.lin 或 acad.lin）中加载进 AutoCAD。命令 LINETYPE 可以打开如图 3-1 所示的线型管理器，单击右上角按钮“加载（L）…”，可以打开“加载或重载线型”对话框，单击左上角的“文件（F）…”按钮，选择线型文件加载。线型文件默认存储路径为：

C:\Program Files\Autodesk\AutoCAD 2020\UserDataCache\zh-cn\Support

线型加载后，可以在“图层”对话框给图层设置线型，然后选中该图层置为当前图层，或在“默认”菜单项的“特性”图形子菜单的“线型”下拉列表框中选中拟使用线型为当前线型，然后才可以用该线型绘图。

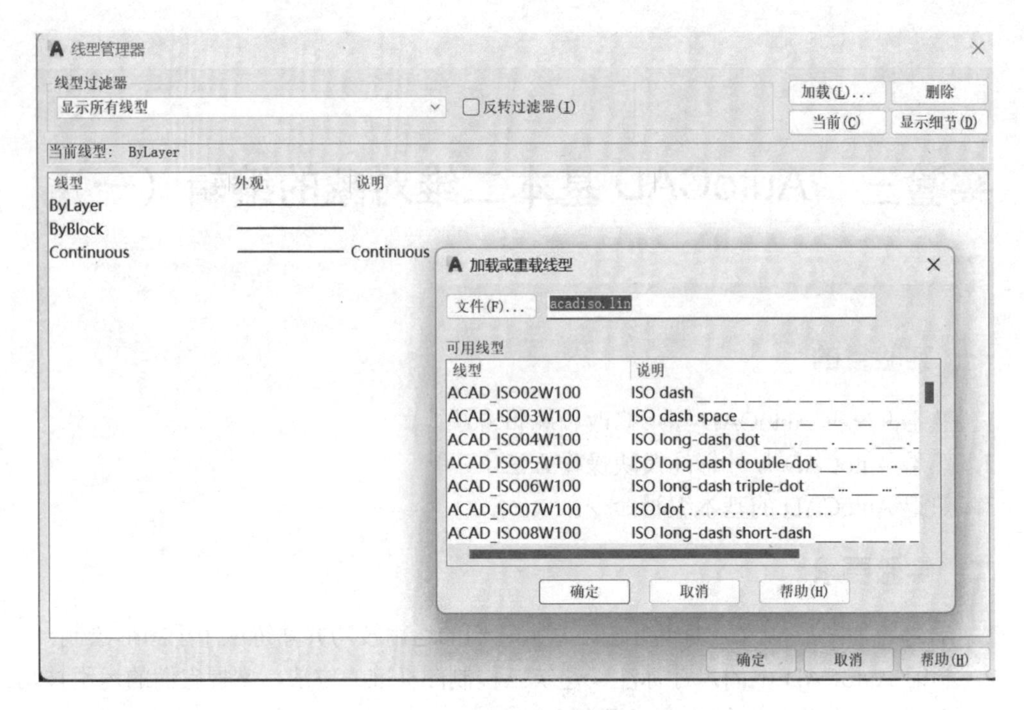

图 3-1 线型管理器

6．属性匹配（或叫格式刷，命令 MATCHPROP 或 PAINTER）

7．显示刷新（REGEN 或 REGENALL）

REGEN 或 REGENALL 需要配合相关设置命令才能看到显示刷新的效果。例如，配合系统变量 ISOLINES 指定球体曲面的轮廓素线数目（由 4 设置为 20，如图 3-2 所示），或者配合实体填充开关命令 FILL（ON/OFF）显示用 PLINE 命令画的二极管（参考实验二）。

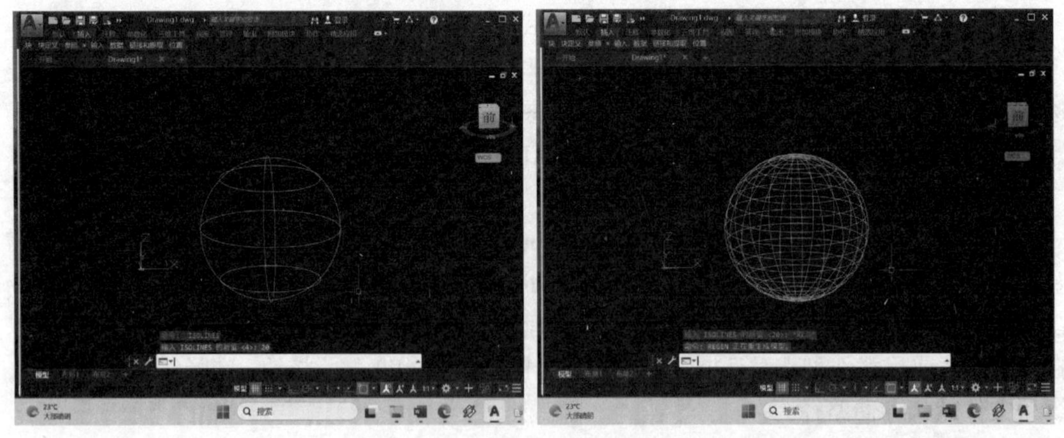

（a）ISOLINES=4　　（b）设为 ISOLINES=20 后执行 REGEN

图 3-2 显示刷新效果

8．显示分辨率（VIEWRES）

可以在“选项”对话框上“显示”页面的“显示精度”组中“圆弧和圆的平滑度（A）”

项查看设置的数值变化，也可以配合画圆（或圆弧）以及 REGEN 命令查看设置效果（默认为 1000，可以设置为 10，效果比较明显）。

9．图形缩放和移动（仅改变显示效果）

（1）缩放（ZOOM）

（2）平移（PAN）

10．鸟瞰视图（DSVIEWER）

11．命名视图（DDVIEW）

12．擦除/删除实体

ERASE/DELETE（擦除/删除）命令：两个命令没有区别。

13．移动、复制和旋转实体

（1）移动（MOVE）

（2）复制（COPY）

COPY 命令仅在当前图形文件内复制对象；Ctrl+V 则将剪贴板中的内容拷贝到当前图形文件中。前者不能在图形文件间复制，后者可以，这就是两者的区别。

（3）旋转（ROTATE）

14．偏移、镜像和阵列实体

（1）偏移（OFFSET）

（2）镜像（MIRROR）

（3）阵列（ARRAY）：有矩形阵列和环形阵列两种方式

【操作】要快速绘制如图 3-3（a）所示的图形，必须对图形进行形体分析并思考可采取哪些快速绘图命令。显然，该图由两种矩形（6×9、102×75）和一种▭形组成，6×9 矩形可以采取阵列和镜像两种快速画法，▭形也可以用镜像快速画法。所以该图的快速绘制过程（如图 3-4 所示）如下：

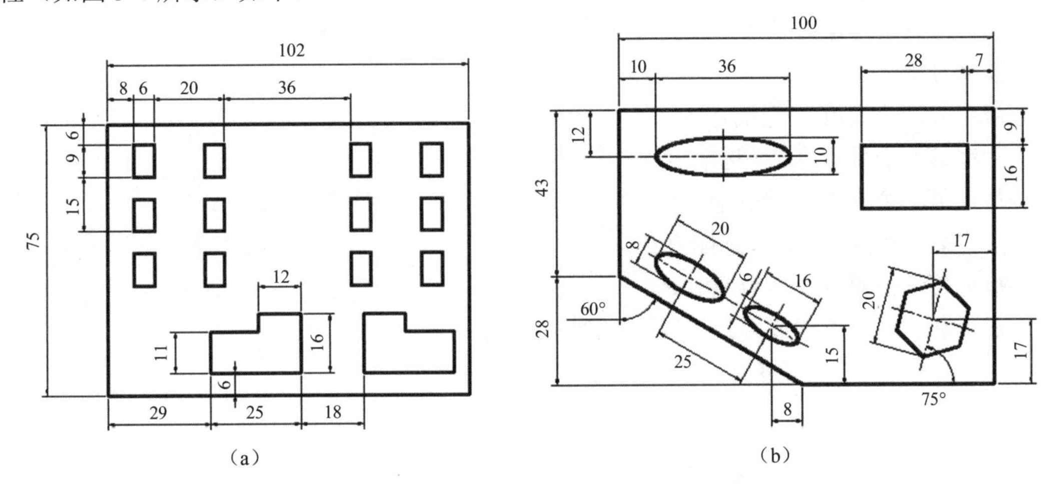

图 3-3 二维对象的绘制和编辑综合练习

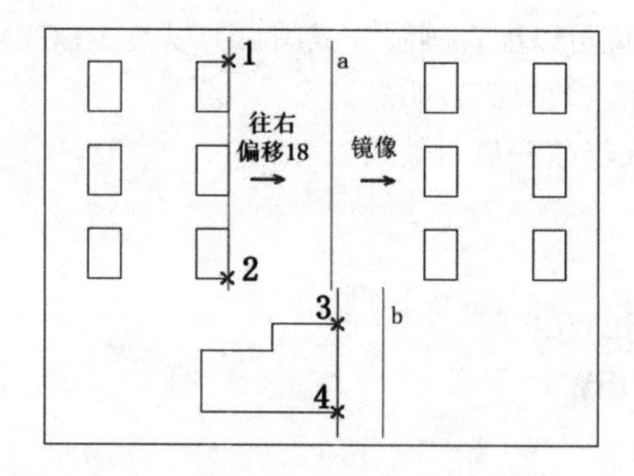

图 3-4 阵列和镜像的配合使用

①以（0 0）为绘图起点绘制 102×75 的矩形：REC↙0，0↙@102，75↙；

②以（60 8）为绘图起点绘制 6×9 的左上角小矩形：REC↙60，8↙@6，9↙；

③将刚画好的矩形进行矩形阵列处理（3 行 2 列，行间距 15，列间距 20）；

④将阵列好的矩形进行镜像（镜像线 a 由点 1、2 的连线往右偏移 18 所得）；

⑤以（29 6）为绘图起点绘制形：PLINE↙29，6↙@25<0↙@16<90↙@12<180↙@5<-90↙@13<180↙C↙；

⑥画与形右侧竖线重合的竖直双向构造线，并将其向右偏移 9，得到形的镜像线 b；

⑦将刚画好的形镜像，之后删除辅助线，绘图结束。

15．比例缩放和对齐

（1）比例缩放（SCALE）

（2）对齐（ALIGN）

【操作】将图 3-5（a）中左侧管道连接到右侧支管上，1 与 1′、2 与 2′对齐，ALIGN 命令适用于此类操作。启动 ALIGN 后提示（斜体）和回馈如下：

选择对象：指定对角点：找到 8 个 [选中图 3-5（a）中左侧管道]

选择对象:

指定第一个源点:（选端点 1）

指定第一个目标点:（选端点 1′）

指定第二个源点:（选端点 2）

指定第二个目标点:（选端点 2′）

指定第三个源点或 <继续>:↙

是否基于对齐点缩放对象？[是(Y)/否(N)] <否>: Y

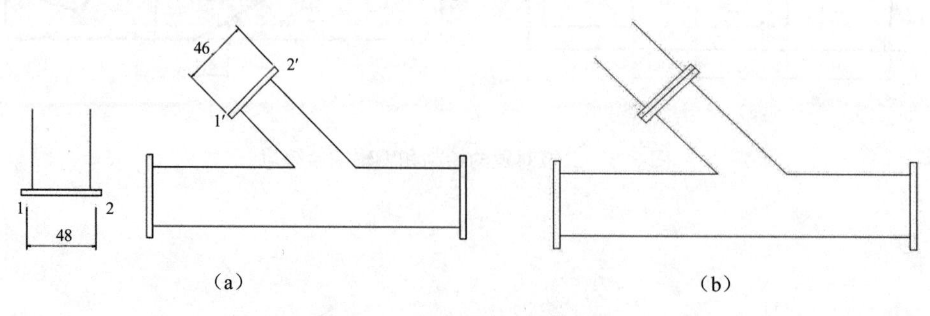

图 3-5 ALIGN 命令安装零件

16．延长和拉伸实体

（1）延长（LENGTHEN）

（2）拉伸交叉窗选的图形（STRETCH）

练习用 STRETCH 命令将图 3-6 中左侧工字钢拉伸至右侧尺寸（左侧图中的虚线框表示交叉窗选工字钢）。

17．倒角

（1）倒圆角（FILLET）

（2）倒斜角（CHAMFER）

与画倒角矩形（RECTANGLE）相比，这两个倒角命令的功能更加单一。

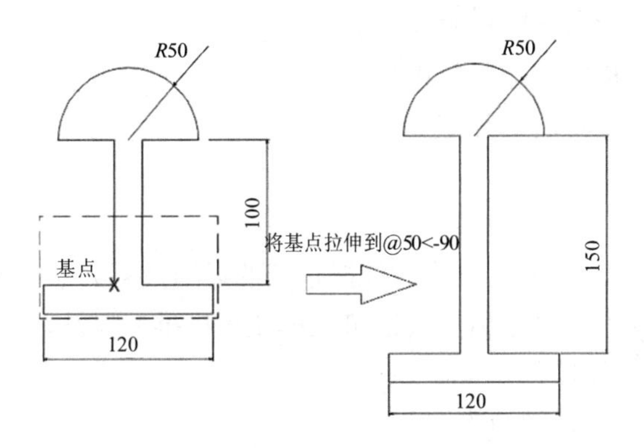

图 3-6　STRETCH 命令拉伸工字钢

四、实验结果

1．描述将图 3-6 中右侧工字钢拉伸至左侧尺寸的方法。

2．结合二维对象的绘制与编辑方法，绘制图 3-3（b）中的图形，最后再找出最快速的画法。

五、实验小结

分析实验的准备和实施过程中出现的情况，对照实验结果，写出实验结论。

实验四　AutoCAD 基本二维对象的编辑（二）

一、实验目的

1．熟悉并掌握 AutoCAD 图形修改、编辑方法；
2．熟悉 AutoCAD 尺寸标注及块操作方法；
3．熟悉 AutoCAD 的常用系统变量。

二、实验要求

1．学习各种图形修改、编辑方法，掌握它们的运用技巧并熟练应用于图形绘制；
2．学习 AutoCAD 中的尺寸标注（建筑工程制图标准）方法，掌握它们的运用技巧；
3．掌握并熟练使用块操作；
4．学习使用其他修改、编辑方法。

三、实验内容

1．延伸、修剪和打断实体

（1）延伸（EXTEND）

【操作】如图 4-1（a）所示，用 EXTEND 命令将直线向左下延伸到矩形上。启动命令后，选中矩形作边界，确认后用捕捉靶框点击直线下部即可。

（2）修剪（TRIM）

【操作】如图 4-1（b）所示，用 TRIM 命令将矩形中的直线部分剪去。启动命令后，选中矩形作边界，确认后用捕捉靶框点击直线上矩形中的部分即可。

（3）打断（BREAK）

【操作】如图 4-1（c）所示，用 BREAK 命令将矩形下边中点至右下角点部分打断。启动命令后，单击矩形，再输入 F 确认，然后捕捉输入矩形下边中点，最后捕捉输入矩形右下角点确认即可。

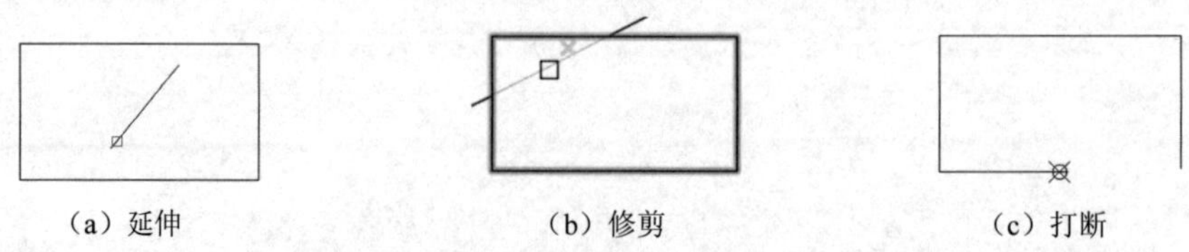

（a）延伸　　（b）修剪　　（c）打断

图 4-1　延伸、修剪和打断实体示意图

2．撤销和恢复已执行的操作

（1）撤销（UNDO）；

（2）恢复（REDO）：仅对上一次 UNDO 有效。

3．用夹点进行快速编辑

（1）AutoCAD 的夹点

AutoCAD 的夹点是选定对象上以小方块、矩形或三角形显示的点，也可以认为是确定对象的一些要素点，如图 4-2 所示，直线、矩形的端点和中点，圆的象限点和圆心等。可以使用夹点拉伸、移动、复制、旋转、缩放和镜像对象，而无须输入任何命令。

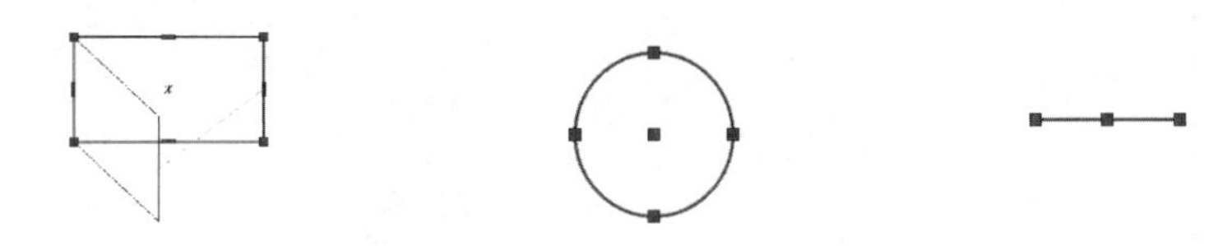

图 4-2　矩形、圆和直线的夹点

（2）夹点对话框（或“选择集”设置，DDGRIPS）

相当于打开“选项”对话框的“选择集”页面，可以设置夹点大小、颜色等属性，同页的设置还有拾取框大小、选择集模式等。

（3）夹点编辑操作

①夹点移动：单击中心夹点；

②夹点复制：单击中心夹点，移动到插入点时按下 Ctrl 键+单击；

③夹点变形：如单击象限点或直线端点，再输入@100<0，则表示圆半径变为 100，或直线的端点水平向右移 100。

4．图案填充和渐变色

（1）BHATCH 命令

（2）HATCH 命令

【操作】输入命令后，命令窗口提示（斜体）和回馈如下：

*选择对象或 [拾取内部点（K）/放弃（U）/设置（T）]：*T（回车后出现如图 4-3 所示对话框）

可以对图案填充的类型和图案、边界、角度和比例、原点和选项等进行设置。

5．图案填充的边界定义

在选择了填充图案，并对外观进行了必要的修改后，下一步就是定义要填充区域的边界。尽管对象之间可以重叠，但这个区域必须被一个或多个对象完全封闭。在定义边界时，既可以在封闭区域的内部拾取一点，也可以选择组成边界的对象。若一个边界是一个单一封闭的对象或由多个首尾相连的对象围成，则在选择这个边界时，既可以在边界的内部拾取一点，也可以选择单个的对象。但如果一个边界是由多个重叠的对象围成，则必须用在边界内部拾取一点的方式定义边界。

6．编辑图案填充（HATCHEDIT）

【操作】选中填充的图案后，输入命令 HATCHEDIT，出现“图案填充编辑”对话框（内容与图 4-3 相同），尝试修改填充图案的“比例”和“关联”等选项。

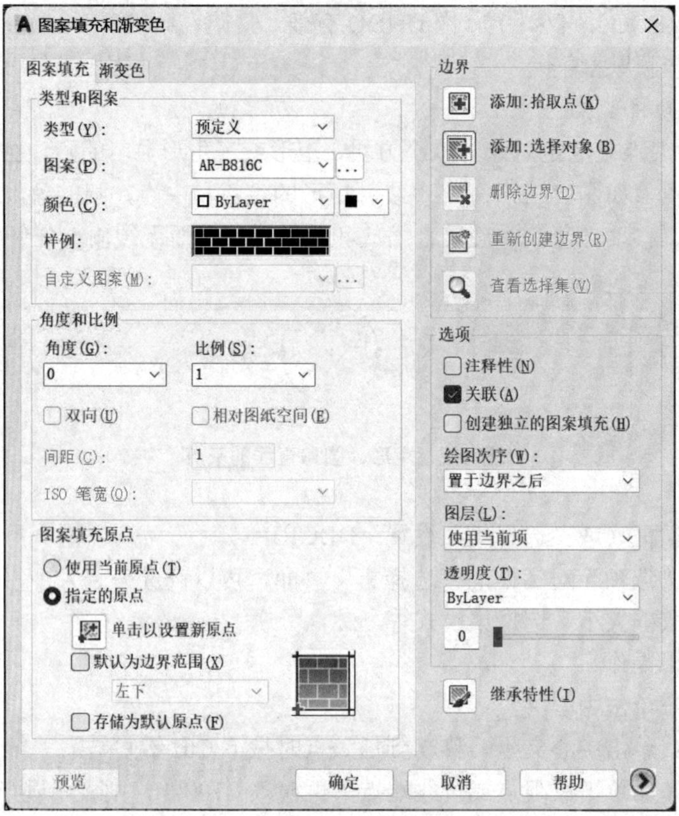

图 4-3 图案和渐变色填充对话框

7. 设置文字样式

文字样式是一组可随图形保存的文字设置的集合，这些设置可包括字体、文字高度以及特殊效果等。在 AutoCAD 中新建一个图形文件后，系统将自动建立一个缺省的文字样式（名为 Standard），以备文本命令、标注命令等在缺省条件下使用。更多的情况下，一个图形中需要使用不同的字体，即使同样的字体也可能需要不同的显示效果，因此仅有一个“Standard”样式是不够的，用户可以使用命令 STYLE 来创建或修改文字样式（图 4-4）。

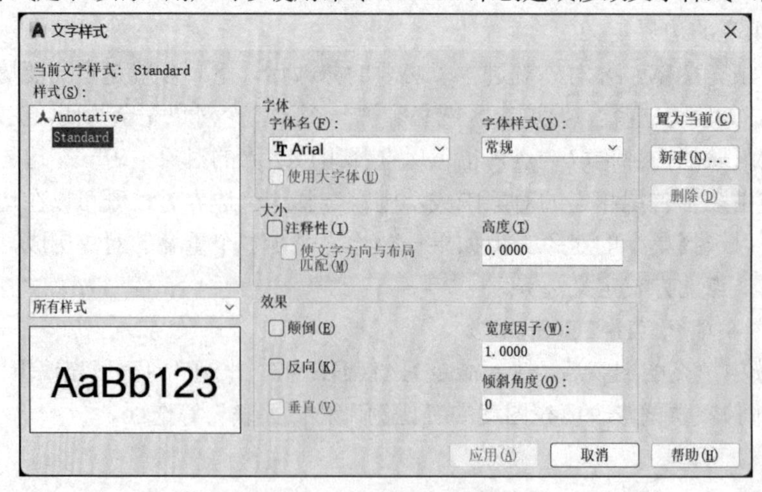

图 4-4 “文字样式”对话框

可以在“文字样式”对话框中设置字体名（中文字体如宋体、仿宋等，外文字体如 Times New Roman、Italic 等）、字体样式（常规、斜体、粗体等）、字号（文字的高度）等；也可以将前面设置的文字样式保存成新的样式（新建），它的名称将出现“样式”列表中，可以将它“置为当前”来使用。

8．创建文本

（1）单行文本（TEXT）

（2）动态文本（DTEXT）

（3）多行文本（MTEXT）

上述 3 个文本创建命令接受特殊文本：%%D（°）、%%C（Φ）、%%P（±）、%%U（_）、%%O（¯）。

（4）文本显示开关（QTEXT，需要结合 REGEN 命令）

9．编辑文本

（1）编辑文本（DDEDIT）：编辑单行文字、标注文字、属性定义和功能控制边框等。

（2）“特性”对话框（PROPERTIES）：参考实验一。

（3）利用夹点编辑文本：移动（单击夹点）、复制（单击夹点后，选择[C]选项）等。

10．尺寸组成要素和种类

（1）尺寸标注四要素

如图 4-5 所示，尺寸四要素包括尺寸数字、尺寸线、尺寸界线和尺寸起止符。

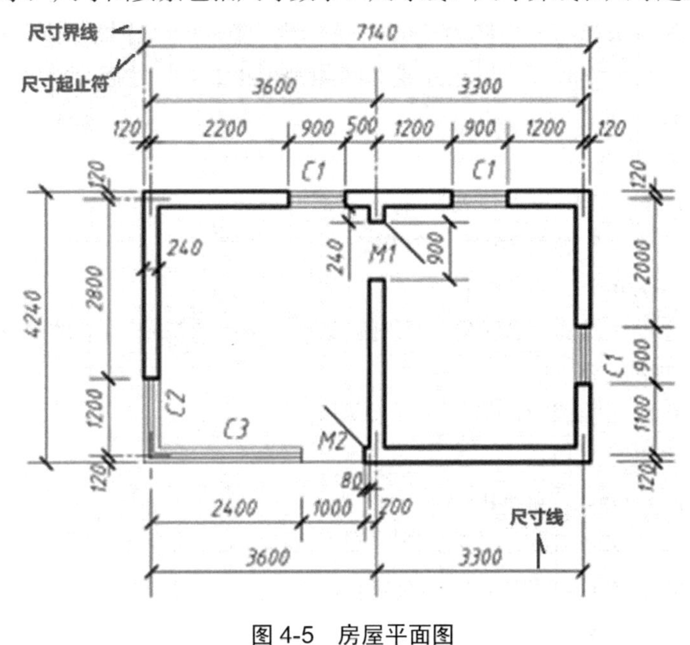

图 4-5 房屋平面图

1）尺寸数字

尺寸数字表示实物的大小，字高不小于 2.5 mm，多置于尺寸线的中上部，距离尺寸线不大于 1 mm（默认为 0.625 mm）。尺寸界线的间隔不够注写尺寸数字时，最外边的尺寸数字可以注写到尺寸界线的外侧，中间的可与相邻的错开注写，必要时也可以引出注写。除总平面图和标高符上尺寸数字以米为单位外，其他均以毫米为单位，所以建筑工程图上的尺寸数字无须注写单位。对于靠近竖直方向向左或向右 30°范围内的倾斜尺寸，应从左方读数的方向来注写尺寸数字。任何图线不得穿交尺寸数字，否则必须将此图线断开。

2）尺寸线

尺寸线应该用细实线绘制，不宜超出尺寸界线，中心线、尺寸界线以及其他任何图线都不得用作尺寸线，线性尺寸的尺寸线必须与被标注的长度方向平行，尺寸线与被标注的轮廓线间隔及互相平行的尺寸线的间隔一般为 6～10 mm。

3）尺寸界线

尺寸界线应该用细实线绘制，一般情况下，线性尺寸的尺寸界线垂直于尺寸线，并超出尺寸线约 2 mm，当受空间限制或尺寸标注困难时，允许斜着引出尺寸界线来标注尺寸。尺寸界线不宜与轮廓线相接，应留出不小于 2 mm 的间隙；当连续标注尺寸时，中间的尺寸界线可以画得较短。图形的轮廓线以及中心线可用作尺寸界线，在尺寸线互相平行的尺寸标注中，应尽量避免较小尺寸的尺寸界线与较大尺寸的尺寸线相交。

4）尺寸起止符

尺寸线与尺寸界线相接处为尺寸的起止点，在起止点上应画出尺寸起止符号；一般为 45° 倾斜的中粗短线，其倾斜方向应与尺寸界线成顺时针 45°角，其长度宜为 2～3 mm，称为建筑斜线标记（_ARCHTICK）；当画比例较大的图形时，其长度约为图形粗实线宽度的 5 倍；在同一张图纸上的这种建筑斜线标记的宽度和长度应保持一致。

当建筑斜线标记空间不足，或者标注机械工程图时，可以画上箭头作为尺寸起止符，箭头粗端的宽度约为 1.4*b*，长度约为 5*b*，并予涂黑。在同一张图纸或同一图形中，尺寸箭头的大小应画得一致。当相邻的尺寸界线的间隔都很小时，尺寸起止符号可以采用小圆点，其直径为 1.4～2*b*。

（2）尺寸种类

①定形尺寸：图 4-5 中离轮廓最近的一层尺寸；

②定位尺寸：图 4-5 中的 3600、3300；

③总体尺寸：图 4-5 中的 7140。

11．设置标注尺寸样式（DDIM、DIMSTYLE，参看实验一中的图 1-8 和图 1-9）

（1）设置尺寸组成要素；

（2）设置尺寸标注的调整配置、主单位和公差等。

12．尺寸标注的类型和命令

（1）线性标注（DIMLINEAR）

（2）对齐标注（DIMALIGNED）：尺寸线倾斜时用的标注命令

（3）半径标注（DIMRADIUS）

（4）直径标注（DIMDIAMETER）

（5）角度标注（DIMANGULAR）

（6）弧长标注（DIMARC）

半径、直径、角度和弧长的注写说明：

①半径尺寸线必须从圆心画起并对准圆心，直径尺寸线则通过圆心。

②标注半径、直径或球的尺寸时，尺寸线应画上箭头。

③半径数字、直径数字仍要沿着半径尺寸线或直径尺寸线来注写；当图形较小，注写

尺寸数字及符号的地方不够时，也可以引出注写。

④半径数字前应加写拉丁字母 *R*，直径数字前应加注直径符号 ϕ（格式字符为%%C）。

⑤标注过大圆弧时，应对准圆心画一条折线状的或者断开的半径尺寸线。

⑥标注圆弧的弧长时，其尺寸线应是该弧的同心圆弧，尺寸界线应垂直于该圆弧的弦，起止符号应以箭头表示，弧长数字的上方或前面应加“⌒”符号；标注圆弧的弦长时，其尺寸线应是平行于该弦的直线，尺寸界线则垂直于该弦。起止符号应以中粗斜短线表示。

⑦标注角度时，角度的两边作为尺寸界线，尺寸线画成圆弧，其圆心就是该角度的顶点；角度的起止符号应以箭头表示，如没有足够位置画箭头，可用圆点代替。

（7）基线标注（DIMBASELINE）

（8）引线标注（LEADER）

（9）坐标标注（DIMORD）

13．标注公差（TOLERANCE）

零件图上除需要标注零件的尺寸外，还需要标注公差，以表明对零件加工的要求。通常标注的公差有尺寸公差（如最大和最小极限偏差）、形状公差（直线度⎯、平面度⏥、圆度○、圆柱度⌭）、位置公差（平行度//、垂直度⊥、倾斜度∠、位置度⌖、同轴度◎、对称度⌯）等。

14．编辑标注的尺寸

（1）DIMEDIT（编辑标注）命令

（2）DIMTEDIT（移动和旋转标注文字）命令

（3）尺寸标注相关系统变量

①DIMTXT：字高；

②DIMBLK：尺寸起止符，例如，“_DATUMFILLED”是三角形，“_ARCHTICK”是建筑标记；

③DIMEXO：尺寸界线起点偏移量；

④DIMEXE：尺寸界线超出量；

⑤DIMLFAC：比例因子（当比例）；

⑥DIMTXSTY：标注的文字样式（默认“Standard”）；

⑦DIMDLI：基线间距，就是平行尺寸线之间的间距，用基线标注命令 DIMBASELINE 起作用；

⑧DIMGAP：标注文字偏离尺寸线。

15．定义块

（1）定义块对话框（BMAKE）

（2）定义块（BLOCK）

16．插入块

（1）插入块（INSERT）

（2）多重插入（MINSERT）

17．编辑块（块分解 EXPLODE）

18．计算面积（AREA）

【操作】求取图 4-6（a）中圆的面积。在命令窗口启动命令 AREA，命令提示（斜体）

和回馈如下：

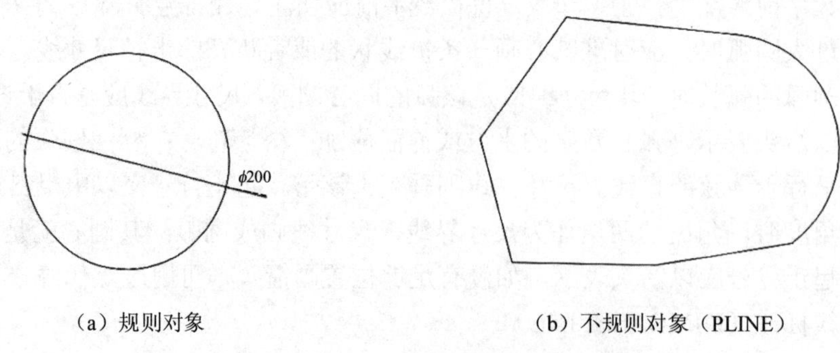

（a）规则对象　　（b）不规则对象（PLINE）

图 4-6　规则对象和不规则对象的面积

指定第一个角点或 [对象(O)/增加面积(A)/减少面积(S)] <对象(O)>: o

*选择对象:*选取图 4-6（a）中的圆

区域 = 31415.9265，圆周长 = 628.3185

【操作】求取图 4-6（b）中 PLINE 所围图形的面积。在命令窗口启动命令 AREA，命令提示（斜体）和回馈如下：

指定第一个角点或 [对象(O)/增加面积(A)/减少面积(S)] <对象(O)>: o

*选择对象:*选取图 4-6（b）中 PLINE 围成的对象

区域 = 53170.7103，周长 = 870.2643

19. 计算距离（DIST）

20. 显示指定实体的数据（LIST）

21. 查询点的坐标（ID）

22. 查询时间（TIME）

23. 设置系统变量命令（SETVAR）

四、实验结果

1. 抄绘图 4-5 中的房屋平面图并标注。

2. 比较房屋平面图中的尺寸标注（三层尺寸：定形尺寸、定位尺寸和总体尺寸；设置比例因子为 100）。

3. 对比标注各种形式的尺寸（线性、对齐、连续、基线、角度、半径、直径标注等）。

4. 将房屋平面图的窗户制作成块，练习块插入。

5. 修改填充图案为砖头、混凝土和钢筋混凝土。

五、实验小结

分析实验的准备和实施过程中出现的情况，对照实验结果，写出实验结论。

实验五 AutoCAD 自定义方法

一、实验目的

1. 熟悉 AutoCAD 命令的自定义方法；
2. 熟悉 AutoCAD 线型和填充图案的自定义方法；
3. 熟悉 AutoCAD 形定义方法。

二、实验要求

1. 通过操作 acad.pgp 文件，学习自定义 AutoCAD 命令；
2. 学习示例中线型的定义方法，掌握线型定义技巧；
3. 学习示例中填充图案的定义方法，掌握图案定义技巧；
4. 学习示例中形定义方法，掌握形定义技巧。

三、实验内容

1. 自定义 AutoCAD 命令

Autodesk 公司允许用户自己定义在 AutoCAD 中执行的外部命令，还可以为 acad.pgp 文件（ASCII 文本文件）中的 AutoCAD 内部命令创建命令别名。命令别名是在命令提示下代替整个命令名而输入的缩写。

例如，可以输入 c 代替 circle 来启动 CIRCLE 命令。别名与键盘快捷键不同，快捷键是多个按键的组合，如 SAVE 的快捷键是 CTRL+S。

可以为任何 AutoCAD 命令、设备驱动程序命令或外部命令定义别名。acad.pgp 文件的第二部分用于定义命令别名，可以通过在 ASCII 文本编辑器（如记事本）中编辑 acad.pgp 来更改现有别名或添加新的别名。除 acad.pgp 中的命令别名外，还可以找到注释行，这些注释行之前带有分号（;）。通过注释行，用户可以将文本信息添加到 acad.pgp，例如，上次修订该文件的时间或人员。

注意：编辑 acad.pgp 之前，请创建备份文件，以便将来需要时恢复！要定义命令别名，请使用以下语法向 acad.pgp 文件的命令别名部分添加行：

abbreviation,*command

其中 abbreviation 是用户在命令提示下输入的命令别名，command 是要缩写的命令。必须在命令名前输入星号（*）以表示该行为命令别名定义。

如果一个命令可以透明地输入，则其别名也可以透明地输入。当用户输入命令别名时，系统将在命令提示中显示完整的命令名并执行该命令。

可以创建包含特殊连字符（-）前缀的命令别名，用于访问显示命令提示（而不是对话框）的某个命令的版本，如下所列。

BH,*-BHATCH

BD,*-BOUNDARY

注意：不能在命令脚本中使用命令别名，建议不要在自定义文件中使用命令别名。如果在AutoCAD运行时编辑acad.pgp，请输入reinit以使用修订过的文件。也可以重新启动AutoCAD以自动重新加载该文件。

找到acad.pgp文件的方法：

（1）AutoCAD2014之前的版本：工具→自定义→编辑程序参数（acad.pgp）

AutoCAD2014之后的版本：管理→编辑别名

（2）搜索AutoCAD命令别名文件（acad.pgp）或直接到它的存储位置，通常在：

C：\Users\<用户>\AppData\Roaming\Autodesk\AutoCAD 20xx\Rxx.x\enu\Support

2．自定义线型

线型文件“acad.lin”和“acadiso.lin”中提供了标准线型库，用户可以直接使用其中的线型，也可以对它们进行修改或创建自定义线型。线型名称及其定义确定了特定的点和划序列、划线和空移的相对长度，以及文字或形的特征。可以使用文本文件编辑器编辑LIN文件，以创建或修改线型定义，再用LINETYPE命令加载该线型，然后才能使用它。

（1）线型定义基本规则

线型定义文件用两行文字定义一种线型。第一行包括线型名称和可选说明，第二行是定义实际线型图案的代码。第二行必须以字母A（对齐）开头，其后是一系列图案描述符，用于定义提笔长度（空移）、落笔长度（划线）和点。通过将分号（;）置于行首，可以在LIN文件中加入注释。线型定义的格式如下：

*linetype_name,description

A，descriptor1,descriptor2，…

例如，名为DASHDOT的线型定义如下：

*DASHDOT,Dash dot __ . __ . __ . __ . __ . __ . __ . __

A,.5,-.25,0,-.25

线型名为DASHDOT，它以星号（*）开头，而且是唯一的描述性名称，逗号后面是线型说明。第二行是线型图案的正式定义，以0.5个图形单位长度的划线开头，然后是0.25个图形单位长度的空移（-.25）、一个点（0）和另一个0.25个图形单位长度的空移（-.25）。该图案延续至直线的全长，并以0.5个图形单位长度的划线结束。

线型说明：①线型说明有助于用户在编辑LIN文件时更直观地了解线型，还会显示在“线型管理器”以及“加载或重载线型”对话框中；②说明是可选的，不能超过47个字符，可以包括使用ASCII文字对线型图案的简单表示；③如果要省略说明，则请勿在线型名称后面使用逗号。

对齐字段（A）：①指定了每个直线、圆和圆弧末端的图案对齐操作；②当前AutoCAD仅支持A类对齐，用于保证直线和圆弧的端点以划线开始和结束。

例如，假定创建名为CENTRAL的线型，该线型显示重复的点划线序列（通常用作中心线）。AutoCAD调整每条直线上的划点序列，使划线与直线端点重合。图案将调整该直线，以便该直线的起点和终点至少含有第一段划线的一半。如果必要，可以拉长首段和末段划线。如果直线太短，不能容纳一个划点序列，AutoCAD 将在两个端点之间绘制一条连续直线。对于圆弧也是如此，将调整图案以便在端点处绘制划线。圆没有端点，但是 AutoCAD 将调整划点序列，使其显示更加合理。

图案描述符：①每个图案描述符字段指定用逗号（禁用空格）分隔：正十进制数表示相应长度的落笔线段（划线）；负十进制数表示相应长度的提笔线段（空移）；划线长度为 0 表示绘制点。②每种线型最多可以输入 12 种划线长度规格，但是这些必须在 LIN 文件的一行中，并且不超过 80 个字符，用户只需包含一个由图案描述符定义的线型图案的完整循环体。绘制线型时，AutoCAD 将使用第一个图案描述符绘制开始和结束划线。在开始和结束划线之间，从第二个划线规格开始连续绘制图案，并在需要时以第一个划线规格重新开始绘制图案。③A 类对齐要求第一条虚线的长度为 0 或更长（落笔线段），需要提笔线段时，第二条划线长度应小于 0；要创建连续线型时，则第二条划线长度应大于 0，A 类对齐至少应具有两种划线规格。

（2）自定义线型中的文字

线型中可以包含字体中的字符，以表示实用工具、边界、轮廓等。指定顶点时将动态绘制直线，就像使用简单线型一样，嵌入直线的字符始终完整显示，不会被截断。嵌入的文字字符与图形中的文字样式相关。加载线型之前，图形中必须存在与线型相关联的文字样式。包含嵌入字符的线型格式与简单线型格式类似，因为它是一列由逗号分隔的图案描述符。

在线型说明中添加文字字符的格式如下：

["text",textstylename,scale,rotation,xoffset,yoffset]

Text：要在线型中使用的字符。

text style name：要使用的文字样式的名称。如果未指定文字样式，AutoCAD 将使用当前定义的样式。

Scale：数值，控制文字高度的缩放比例，默认高度 1 乘以缩放比例即为线型中文字高度。

Rotation：R=值或 A=值。R 指定文字相较于直线的旋转角。A 指定文字相较于原点的旋转角。可以在值后附加 d 表示度（度为默认值），附加 r 表示弧度，或者附加 g 表示百分度。

Xoffset：X=值。文字在线型的 X 轴方向上沿直线的偏移量，偏移起点从第一个空移的末端开始，负值向左偏移，正值向右。

Yoffset：Y=值。文字在线型的 Y 轴方向垂直于该直线的偏移量，偏移起点从该直线开始，负值向下偏移，正值向上。

将这种格式的描述符添加到简单线型的定义之中，就可以定义更多实用线型。例如，这样定义名为 WASTE _WATER 的线型：

**WASTE_WATER,drainage ---- F ---- F ---- F ----*

A,1,-.2,["F",STANDARD,S=0.1,R=0.0,X=-.1,Y=-.3],-.2

上面定义的线型规格如图 5-1 所示，由 WASTE_WATER 线型定义和图 5-1 可知，相邻划线之间的空格宽 0.4=|-0.2×2|，Xoffset 从文字前的空格尾开始，Yoffset 从划线位置开始，默认字高为 1，显示字高为字高乘上 *S* 的结果。

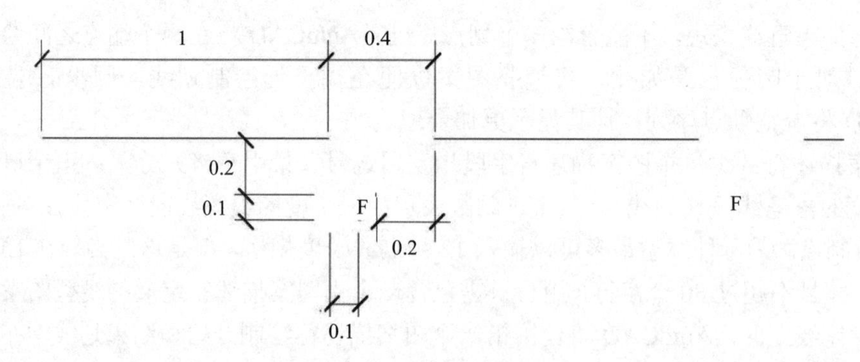

图 5-1 线型中的文字

3．自定义填充图案

在路径 C：\Users\x\AppData\Roaming\Autodesk\AutoCAD 2020\R23.1\chs\Support 下（x 是用户名）的“acadiso.pat”，提供了 Autodesk 公司建立的标准填充图案的定义（ASCII 文件格式）。用户可以直接使用这些填充图案，也可以对它们进行修改或创建自定义填充图案，修改完、保存文件后便可使用填充图案。设计填充图案要求具备一定的知识、经验和耐心，自定义填充图案前务必将原图案文件备份，以便出错时可以利用备份的图案文件替换自定义填充图案文件。

（1）自定义填充图案文件格式

①第一行：带有名称（以星号开头，最多包含 31 个字符）和可选说明的标题行：

*pattern-name,description

②还包括一行或多行如下形式的说明：

angle, x-origin,y-origin, delta-x,delta-y,dash-1,dash-2, …

图 5-2 为“边界图案填充”对话框中显示图案 ANSI31 的填充效果：

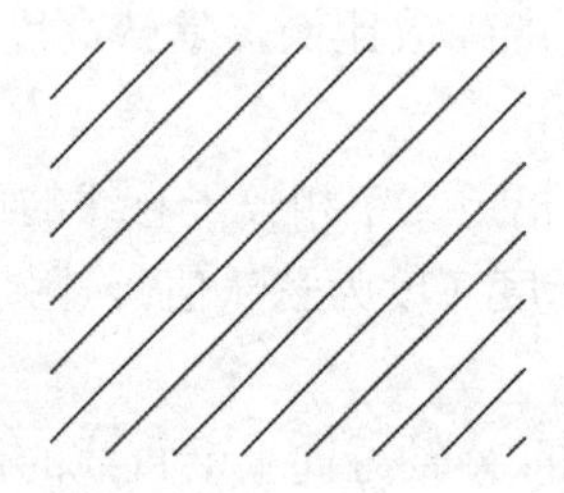

图 5-2 填充图案 ANSI31

其定义为：

*ANSI31, ANSI Iron, Brick, Stone masonry

45, 0,0, 0,.125

第一行中的图案名为 *ANSI31，后跟说明 ANSI Iron，Brick，Stone masonry。这是一个比较简单的图案定义，即指定以 45°角绘制直线，填充线族中的第一条直线要经过图形原点（0，0），并且填充线之间的间距为 0.125 个图形单位。

（2）填充图案定义遵循以下规则

①图案定义中的每一行最多可以包含 80 个字符，可以包含字母、数字和以下特殊字符：

下划线（_）、连字号（-）和美元符号（$）。但是，图案定义必须以字母或数字开头，而不能以特殊字符开头。

②AutoCAD 将忽略分号右侧的空行和文字。

③每条图案直线都被认为是直线族的第一个成员，是通过应用两个方向上的偏移增量生成无数平行线来创建的。

④增量 x 的值表示直线族成员之间在直线方向上的位移。它仅适用于虚线。增量 y 的值表示直线族成员之间的间距，也就是到直线的垂直距离。

⑤直线被认为是无限延伸的，虚线图案叠加于直线之上。

注意：必须在 PAT 文件中的最后一个填充图案定义后放置一空白行。如果最后一个填充图案定义后未放置空白行，创建图案填充时将无法访问最后一个填充图案定义。

图案填充的过程是将图案定义中的每一条线都拉伸为一系列无限延伸的平行线。所有选定的对象都被检查是否与这些线中的任意一条相交；如果相交，将由填充样式来控制填充线的打开和关闭。生成的每一族填充线都与穿过绝对原点的初始线平行从而保证这些线完全对齐。

如果创建高密度的图案填充，AutoCAD 可能会拒绝该图案填充并显示一条消息，指出填充比例过小或其划线过短。可以通过使用（setenv “MaxHatch” “n”）设置 MaxHatch 系统注册表变量来修改填充直线的最大数目，其中 n 是 100 到 10 000 000 之间的数字。

4．形定义

形是一种对象，其用法与块相似。与形相比，块更容易使用，且用途更加广泛，但对 AutoCAD 而言，形的存储和绘制更加高效；在对计算机运算资源开销限制非常严格的条件下，如果用户必须重复插入一个简单图形，那么使用形定义将非常有优势。

（1）创建形文件

用户首先要在扩展名为 shp 的文本文件中输入形的说明。要创建这样的文件，请使用文本编辑器或字处理器编辑 ASCII 格式的文件。形定义文件的每一行最多可包含 128 个字符。超过此长度的行不能编译。由于 AutoCAD 忽略空行和分号右侧的文字，所以可以在形定义文件中嵌入注释。

每个形说明都有一个标题行（格式如下），以及一行或多行定义字节；这些定义字节之间用逗号分隔，最后以 0 结束，格式如下：

*shapenumber,defbytes,shapename

specbyte1,specbyte2,specbyte3,...,0

说明：

①shapenumber：文件中唯一的一个 1～258（对于 Unicode 字体，最多为 32768）的数字，前面带有星号（*）。对于非 Unicode 字体文件，用 256、257 和 258 分别作为符号标识符 Degree_Sign、Plus_Or_Minus_Sign 和 Diameter_Symbol 的形编号。对于 Unicode 字体，这些字形以 U+00B0、U+00B1 和 U+2205 作为形编号并且是“Latin Extended-A”子集的一部分；字体（包含每个字符的形定义的文件）的编号要与每个字符的 ASCII 码对应，其他形可指定任意数字。

②defbytes：用于说明形的数据字节（specbytes）的数目，包括末尾的零。每个形最多可有 2 000 个字节。

③shapename：形的名称，必须大写，以便区分；包含小写字符的名称被忽略，并且通常用作字体形定义的标签。

④specbyte：形定义字节，每个定义字节都是一个代码，或者定义矢量长度和方向，或者是特殊代码的对应值之一。在形定义文件中，定义字节可以用十进制或十六进制值表示；与许多形定义文件一样，本节样例中同时使用了十进制和十六进制定义字节值；如果形定义字节的第一个字符为 0（零），则后面的两个字符解释为十六进制值。

注意：该文本文件的扩展名为 shp，用户需要设置 windows“文件夹选项”中“查看”页里的“隐藏已知文件类型的扩展名”，如图 5-3 所示。

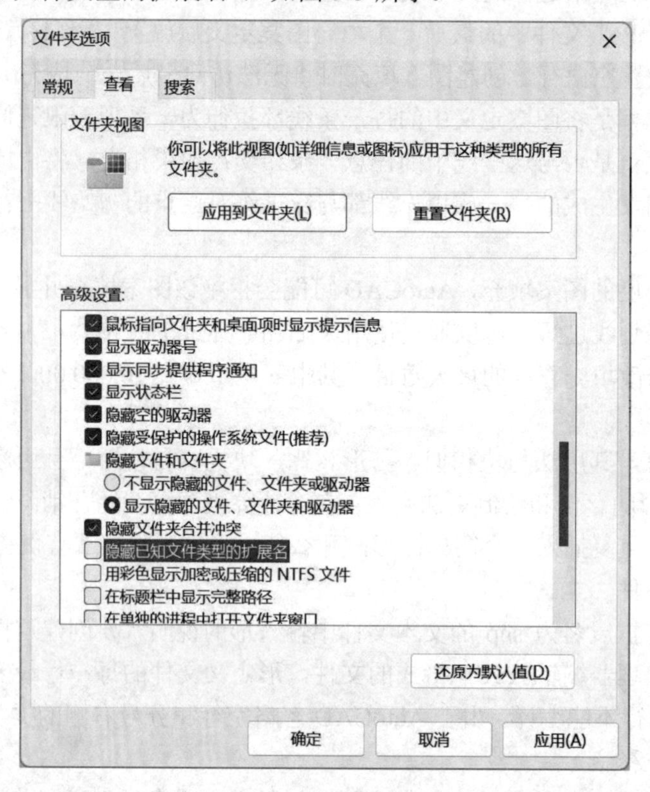

图 5-3　文件夹选项

（2）编译形定义文件

用 compile 命令编译形定义文件，生成形文件（扩展名为 SHX）。编译后的文件与形定义文件同名，但其文件类型为 SHX。

（3）使用形

形定义文件（SHP）编译成功后，可使用 LOAD 命令将该形文件（SHX）加载到图形中，然后用 SHAPE 命令将所需的形（用形名区分）插入图形。

（4）简单形定义实例

下面构造名为 DBOX 的形，指定形的编号为 230，6 个字节存储（第一行），构造过程如图 5-4（a）所示。形 DBOX 的完整定义如下：

```
*230,6,DBOX
014,010,01C,018,012,0
```

DBOX 的形定义字节（上面的第二行）相对较简单，前 5 个定义字节都是含 3 个字符的字符串，最后 1 个字节为 0，表示形定义结束。每个定义字节的第一个字符必须为 0，用于指示 AutoCAD 将后面的两个字符解释为十六进制值；第二个字符指定矢量的长度（有效的十六进制值的范围是从 1～F，即可表示 1～15 个单位长度）；第三个字符指定矢量的方向，详细方向编码如图 5-4（b）所示。

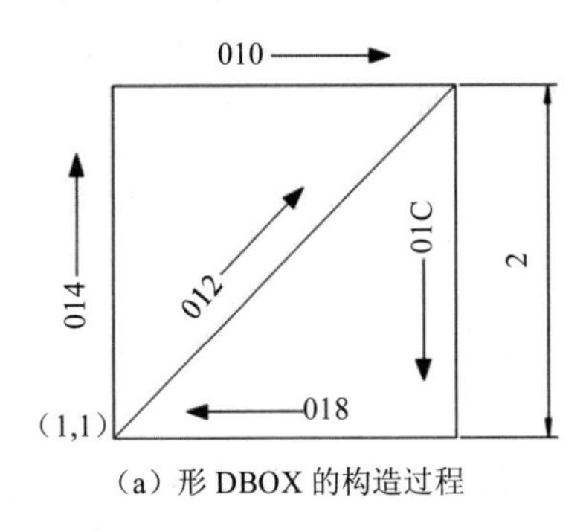

（a）形 DBOX 的构造过程

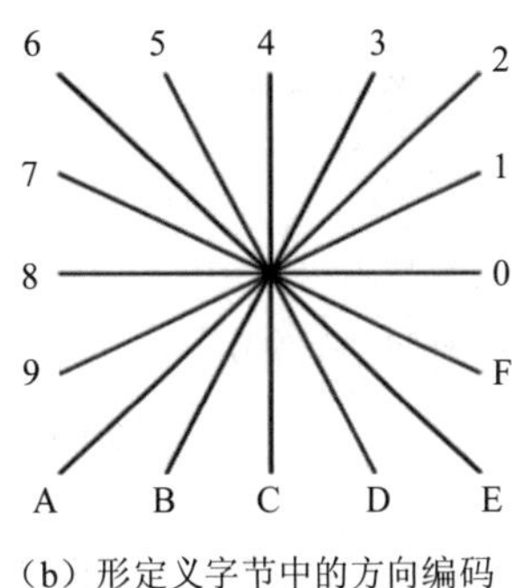

（b）形定义字节中的方向编码

图 5-4　形 DBOX 的构造过程及其中的方向编码

（5）特殊代码应用实例

①雄性符号的两种形定义

如果要通过形定义创建其他几何样式并指定特定动作，则需要使用特殊代码。如图 5-5（a）所示形为仅用矢量表示法定义的雄性符号（♂，形名为 MALE），图 5-5（b）所示的雄性符号（♂，形名为 ZMALE）则增加了位置入栈（005）和出栈（006），以及八分圆弧表示法（特殊代码 10），定义内容如下：

*232,23,MALE

014,013,012,011,010,01f,052,028,020,02c,024,05a,01e,01d,01c,01b,01a,019,018,017,016,015,0

*233,9,ZMALE

10,(1,010),022,005,018,006,01C,0

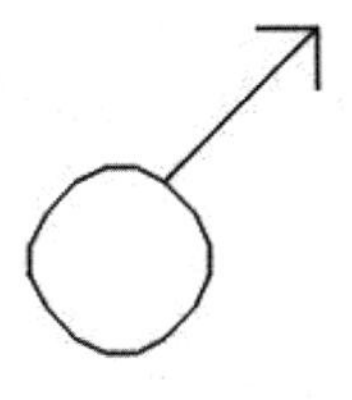

（a）仅用矢量表示法定义的形

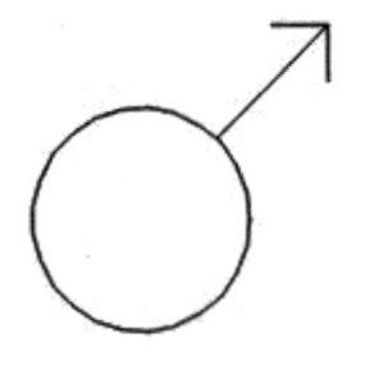

（b）用八分圆弧表示法定义的形

图 5-5　采用两种方法定义表示雄性的形（♂）

②八分圆弧表示法

特殊代码 00A（或 10）用其后两个定义字节定义一个圆弧。八分圆弧的定义格式为：

10，radius，（-）0SC

第一个字节 radius 表示八分圆弧的半径，可以是 1～255 的任意值。第二个定义字节指定：①圆弧的方向（如果为正，则为逆时针；如果为负，则为顺时针）；②开始八分圆位置编码（S，值为 0～7），详细参见图 5-6（a）；③跨越的八分圆数（C，值为 0～7。其中 0

等于 8 个八分圆或整个圆）。另外，还可用小括号增强可读性。例如，下面形定义片段所示形定义过程可参见图 5-6（b）：

...012,10,(1,-032),01E,...

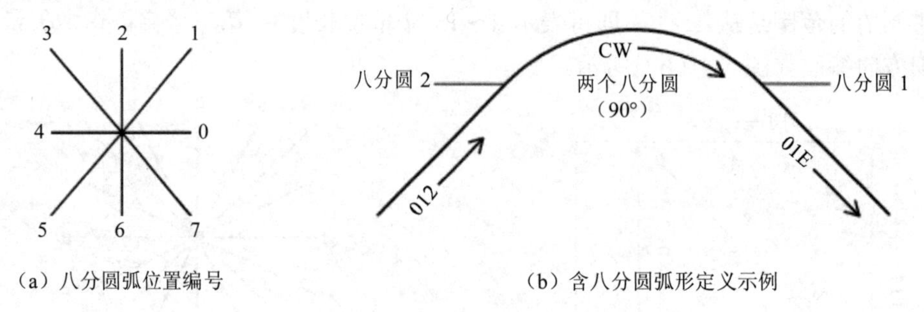

（a）八分圆弧位置编号　　（b）含八分圆弧形定义示例

图 5-6　八分圆弧位置编号和形定义示例

这个形先由起点向东北方向走 1 个单位（由 012 定义），之后顺时针跨越两个八分圆弧，最后再向东南方向（E）走 1 个单位。10 表示定义圆弧，1 表示半径为 1 个单位，-032 表示由图 5-6（a）中所示的 3 号位置开始，到 1 号位置停止。

注意：（1，-032）中的小括号仅为增强可读性而加。

5．参考自定义线型中文字的使用方法，设计用来表示污水管线的线型。

6．参考自定义填充图案方法，设计一种填充图案，用来表示钢筋混凝土。

7．参考形定义中八分圆弧的使用方法，设计表示雌性的形（♀）。

四、实验结果

1．说明两种线型定义方式上的区别。

2．列出几种自定义填充图案的方法。

3．列出至少两种形定义方法及其区别。

五、实验小结

分析实验的准备和实施过程中出现的情况，对照实验结果，写出实验结论。

实验六　AutoCAD 三维绘图基础

一、实验目的

1．熟悉 AutoCAD 基本三维对象的绘制方法；
2．熟悉 AutoCAD 三维对象的编辑方法；
3．熟悉 AutoCAD 绘制三维图形的技巧。

二、实验要求

1．学习 AutoCAD 基本三维对象绘制命令及其使用方法；
2．学习 AutoCAD 基本三维对象的编辑命令及其使用方法；
3．学习 AutoCAD 三维绘图方法，掌握绘图技巧。

三、实验内容

1．视图管理器（VIEW）

该命令打开如图 6-1 所示的视图管理器，在其中可以保存和恢复命名模型空间视图、布局视图和预设视图。

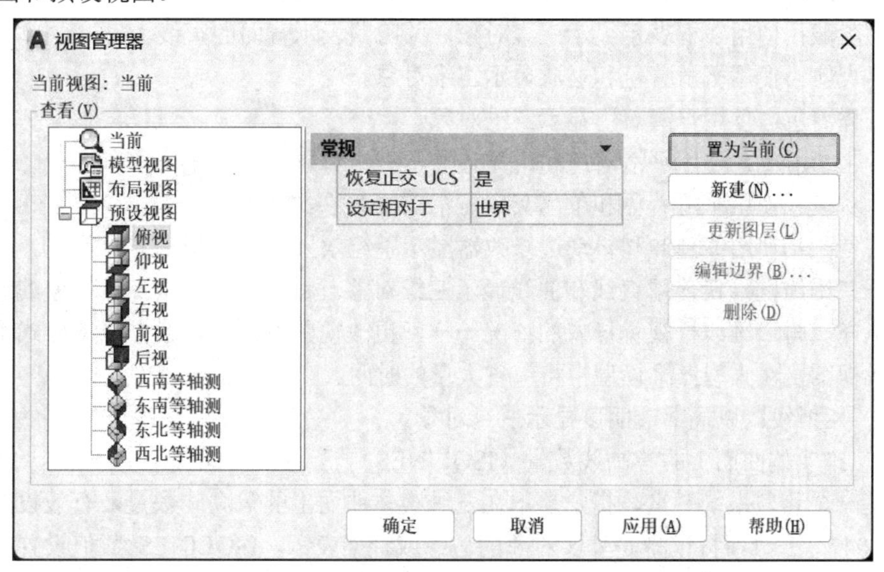

图 6-1　视图管理器

在三维图的绘制过程中，还可以用视图管理器便捷地切换视图。

2．三维轨道观察（ORBIT/3DORBIT）

使用鼠标操作的交互方式，查看三维实体。3DORBIT可在当前视口中激活三维动态观察视图，并且将显示三维动态观察光标图标。3DORBIT处于活动状态时，无法编辑对象。如果水平拖动光标，相机将平行于世界坐标系（WCS）的 *XY* 平面移动。如果垂直拖动光标，相机将沿 *Z* 轴移动。将暂时显示一个小的黑色球体，表示视图旋转所围绕的目标点。

命令处于激活状态时，单击鼠标右键可以显示快捷菜单中的其他选项。默认情况下，启动此命令之前选择一个或多个对象可以限制为仅显示这些对象。可以通过按住Shift键和鼠标滚轮，然后移动光标，暂时进入三维动态观察模式。“线框”“真实”和“着色”视觉样式为平移、缩放和动态观察操作提供增强的三维性能。自定义视觉样式也可使用增强的性能，具体取决于VSFACESTYLE系统变量设置以及多个关联的系统变量。

3．三维连续观察（3DCORBIT）

该命令可实现在三维空间中连续旋转视图。启动此命令之前选择一个或多个对象可以限制为仅显示这些对象。命令处于激活状态时，单击鼠标右键可以显示快捷菜单中的其他选项。

4．着色（SHADE/SHADEMODE）

视觉样式确定每个视口中边缘、照明和着色的显示。可以在每个视口的左上角选择预定义的视觉样式，此外，视觉样式管理器将显示图形中可用的所有样式，可随时选择一种其他视觉样式或更改其设置。SHADE命令可以控制进入着色样式，而SHADEMODE则可以控制所有视觉样式，例如：

（1）二维线框：使用直线和曲线显示对象。此视觉样式针对高保真度的二维绘图环境进行了优化。

（2）概念：使用平滑着色和古氏面样式显示三维对象。古氏面样式在冷暖颜色而不是明暗效果之间转换。效果缺乏真实感，但是可以更方便地查看模型的细节。

（3）隐藏：使用线框表示显示三维对象，并隐藏表示背面的直线。

（4）真实：使用平滑着色和材质显示三维对象。

（5）体着色：使用平滑着色显示三维对象。

（6）带边着色：使用平滑着色和可见边显示三维对象。

（7）灰度：使用平滑着色和单色灰度显示三维对象。

（8）勾画：使用线延伸和抖动边修改器显示手绘效果的二维和三维对象。

（9）三维线框：仅使用直线和曲线显示三维对象。将不显示二维实体对象的绘制顺序设置和填充。与二维线框视觉样式的情况一样，更改视图方向时，线框视觉样式不会导致重新生成视图，在大型三维模型中将节省大量的时间。

（10）X射线：以局部透明度显示三维对象。

5．三维实体曲面上的等高线数量（ISOLINES）

这是一个整型系统变量，指定显示在三维实体曲面上的等高线数量，有效设置的范围为 0～2 047。三维线框模型是真实对象的边缘或骨架表示，ISOLINES 数值设置得越高，三维线框模型的真实感越强，但也会加重计算机处理的负担。

6．三维实体绘制命令

（1）长方体（BOX）

通过指定两个对角点，或者中心点和长宽高等方式绘制长方体。

（2）楔体（WEDGE）

通过定义一个长方体，并将其沿对角面（如图 6-2 所示的面 A_1C_1BD）切开，取其中包含第一个输入点的实体，即为 WEDGE 命令所绘之楔体。

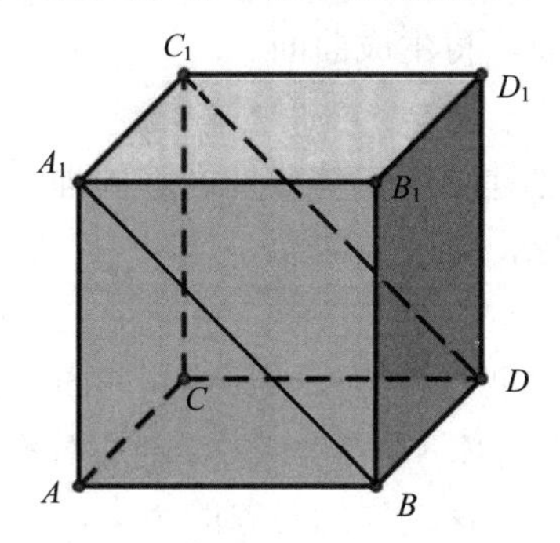

图 6-2 楔体示意图

（3）球体（SPHERE）

通过指定圆心或［三点（3P）/两点（2P）/相切、相切、半径（TTR)］等绘制三维实体球体。可以通过系统变量 FACETRES 控制着色或隐藏视觉样式的三维曲线形实体的平滑度，或者 ISOLINES 控制其线框模型中曲面的轮廓素线数目。

（4）圆锥（CONE）

创建三维实体圆锥，该实体以圆或椭圆为底面，以对称方式形成锥体表面，最后交于一点，或交于圆或椭圆的平整面。可以通过系统变量 FACETRES 控制着色或隐藏视觉样式的三维曲线形实体的平滑度，或者 ISOLINES 控制其线框模型中曲面的轮廓素线数目。

（5）圆柱（CYLINDER）

通过指定底面圆和高度来绘制三维实体圆柱。可以通过系统变量 FACETRES 控制着色或隐藏视觉样式的三维曲线形实体的平滑度，或者 ISOLINES 控制其线框模型中曲面的轮廓素线数目。

（6）圆环体（TORUS）

通过指定圆环体的圆心、半径或直径以及围绕圆环体的圆管的半径或直径创建圆环体。可以通过系统变量 FACETRES 控制着色或隐藏视觉样式的三维曲线形实体的平滑度，或者 ISOLINES 控制其线框模型中曲面的轮廓素线数目。

（7）棱锥（PYRAMID）

默认情况下，通过确定底面和高度来定义一个四棱锥。棱锥面的数目可通过指定参数[S]来设定，在 3～32，之后再确定棱锥的底面和高度。

（8）网格面（MESH）

通过创建三维实体[长方体（B）/圆锥体（C）/圆柱体（CY）/棱锥体（P）/球体（S）/楔体（W）/圆环体（T）/设置（SE）]来创建围绕这些实体的网格面。

试着创建半径为 50 的球体及其网格面，再用 AREA 命令计算它们的面积，比较它们的区别。

7．三维实体的生成方法

（1）挤出（EXTRUDE）

将二维对象挤出（拉伸）成三维实体。在大多数情况下，如果拉伸闭合对象，将生成新三维实体；如果拉伸开放对象，将生成曲面。

（2）旋转（REVOLVE）

通过绕轴扫掠二维对象来创建三维实体或曲面。同理，如果旋转的是闭合对象，将生成新三维实体；如果是开放对象，将生成曲面。

（3）剪切（SLICE）

通过剖切或分割现有对象，创建新的三维实体和曲面。剪切平面是通过 2 个或 3 个点定义的平面，或选择的平、曲面对象（而非网格）。剖切对象将保留原实体的图层和颜色特性，但结果实体或结果曲面对象不保留原始对象的历史记录。

（4）放样（LOFT）

该命令在若干横截面之间的空间中创建三维实体或曲面。例如，在方管和圆管之间绘制变径管，可以将方管和圆管横截面作为放样的始、终横截面，在它们之间生成变径管。

8．3D 命令

（1）3DALIGN

（2）3DARRAY

（3）3DMOVE

（4）3DOSNAP

（5）3DROTATE

（6）3DSCALE

9．集合操作命令

（1）差集（SUBTRACT）

（2）联合（UNION）

（3）交集（INTERSECT）

10．练习绘制

如图 6-3 所示的零件三维图。

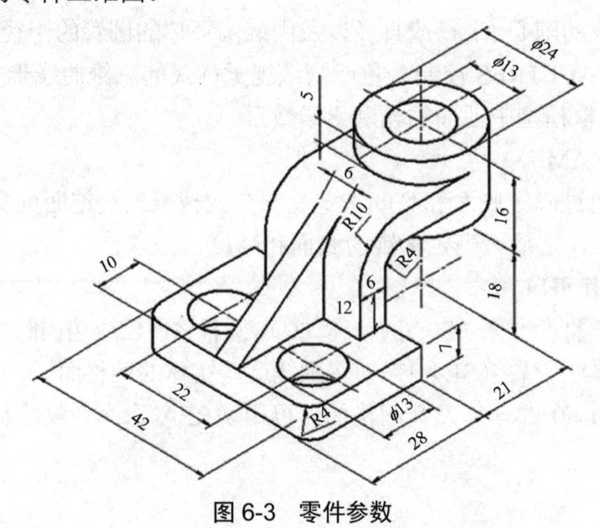

图 6-3　零件参数

（1）形体分析

如图 6-3 所示的零件可以分解为：

①带两个圆形倒角和两个圆孔的长方体（42×28×7、倒角半径 4、圆孔ϕ13×7）；

②一个冲掉半圆柱体的 90° 弯臂［由一个 24×6×12 长方体、一段 1/4 圆管（内径 8、外径 20、长 24）和一个挖掉半个圆柱（ϕ13×6）的 24×17×6 长方体组成］；

③一个圆管（内径 13、外径 24、长 16）；

④一个支撑弯臂的三棱柱（高 6、一个矩形面与 1/4 圆管相切）。

（2）绘图方法

①首先在俯视图上绘制一个 42×28 的矩形（RECTANGLE），将其下边的两个角倒成半径为 4 的圆角（FILLET）；再绘制两个ϕ13 的圆（圆心可以采用辅助线定位，或者计算）；其次绘制一个 24×6 矩形，其左下角点相对 42×28 矩形的左上角点的坐标为：@9，-6，可以采用辅助线定位，或者计算坐标；再次将大矩形和两个圆挤出（EXTRUDE）成实体（挤出高度为 7），将小矩形挤出高度为 12；最后用大矩形挤出的实体减去（SUBTRACT，最好先用 ORBIT 命令选择一个方便观察实体效果的轨道）两个圆挤出的实体（圆柱），并将左视图转为当前（VIEW），用 MOVE 命令将左侧较高的长方体向上移动 7（用相对坐标：@7<90）。

②首先在小长方体的上表面（捕捉其左下和右上角点）画一个矩形，沿着该矩形的上边画一条 XLINE，如图 6-4（a）所示；再选择俯视图“置为当前”，将新画的 XLINE 往上侧偏移 4，并以偏移出来的 XLINE 作为转轴，将矩形旋转 90°（REVOLVE，注意角度正负值的影响），如图 6-4（b）所示；其次选择后视图“置为当前”，捕捉 REVOLVE 出的矩形面的左上角点和右下角点，画 24×6 矩形，如图 6-4（c）所示，并将其挤出成长方体（高 17，注意正负值的影响）；再次选择俯视图“置为当前”，捕捉刚挤出的长方体的上边中点作为圆心，绘制直径为 13 的圆，并将其往外偏移 5.5 得到直径为 24 的同心圆，（用 ORBIT 命令观察到如图 6-4（d）所示的效果，之后用 UNDO 命令还原）；最后将这两个同心圆挤出成圆柱（高 16），并在左视图中将其往下移动 5，如图 6-5（a）所示。

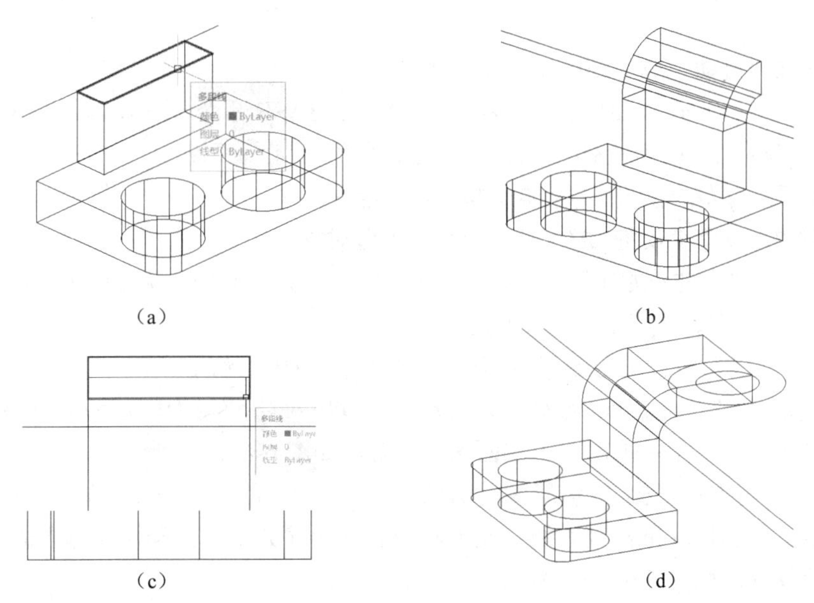

图 6-4　底座和弯臂的绘制

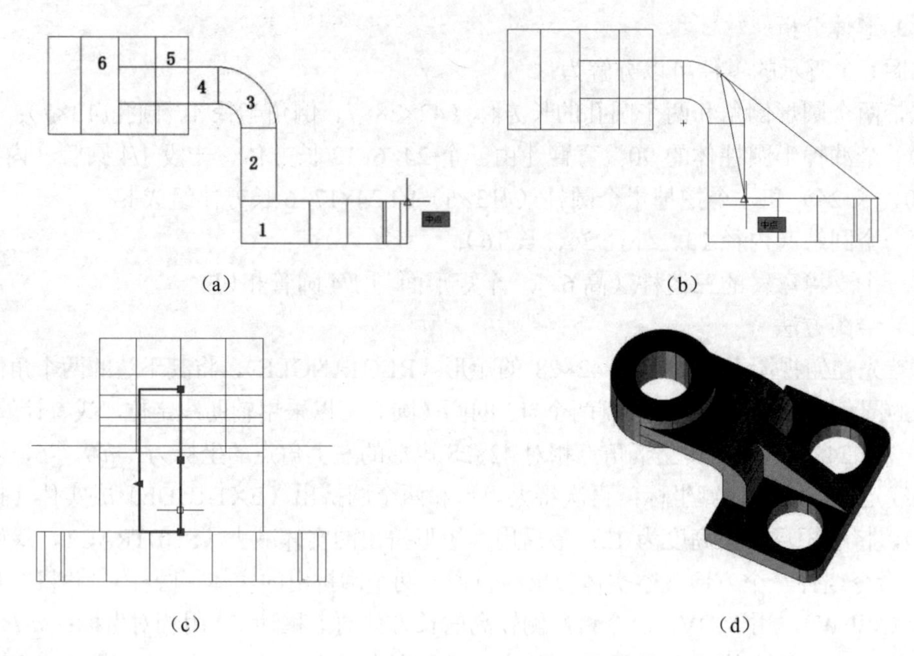

图6-5 支撑臂的绘制和集合操作

③首先启动PLINE命令，移动鼠标到图6-5（a）位置并捕捉中点（MID）；其次移动鼠标到长圆弧附近捕捉切点（TAN），继续捕捉鼠标位置处［图6-5（b）］的中点，之后输入C闭合多义线，形成一个三角形；最后将三角形挤出成三棱柱［高6，图6-5（c）］，并在前视图中将其往右移动3。

④首先合并（UNION）实体2、3、4、5；其次用刚合并的实体减去实体6；最后将刚生成的实体与三棱柱、实体1合并成一体。

⑤先用SHADE命令给零件三维图着色，如图6-5（d）所示，再用3DCORBIT命令动态观察它。

11．三维图自动生成三视图（VIEWBASE）

画完如图6-3所示的三维零件图后，启动VIEWBASE命令，提示（斜体）和回馈如下：

指定模型源 [模型空间(M)/文件(F)] <模型空间>: M

选择对象或 [整个模型(E)] <整个模型>: 找到 1 个

*选择对象或 [整个模型(E)] <整个模型>:*点选对象

*输入要置为当前的新的或现有布局名称或 [?] <布局2>:*此处默认布局2，输入2或回车

恢复缓存的视口 - 正在重生成布局。

类型 = 基础和投影　隐藏线 = 可见线和隐藏线(I)　比例 = 1∶1

*指定基础视图的位置或[类型(T)/选择(E)/方向(O)/隐藏线(H)/比例(S)/可见性(V)]<类型>:*在布局2中左上角单击确定正立面图的位置，如图6-6（a）所示。

*选择选项[选择(E)/方向(O)/隐藏线(H)/比例(S)/可见性(V)/移动(M)/退出(X)]<退出>:*按空格确认后，分别移动鼠标到右侧、左下侧和右下侧并分别单击确认左侧立面图、平面图和轴侧图的位置，如图6-6（b）所示。

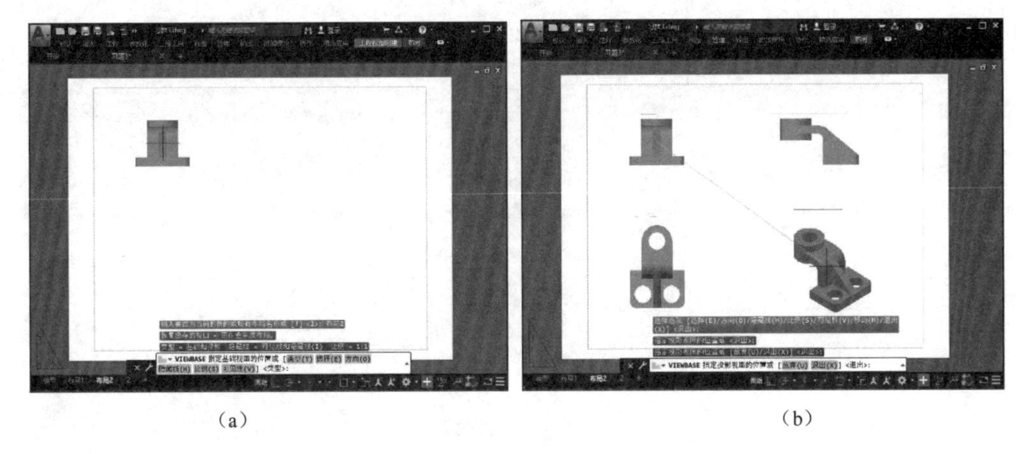

（a）　　　　　　　　　　　　（b）

图 6-6　零件图布局

生成三视图和轴侧图后，还可以继续标注零件尺寸（图 6-7），或者打印图纸。

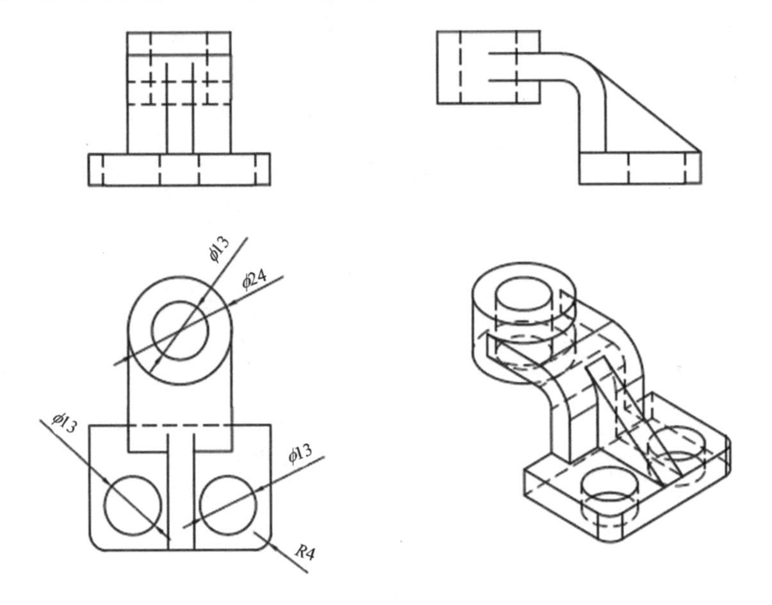

图 6-7　自动生成零件的视图

四、实验结果

1．描述采用基本三维实体绘制命令绘制三维图形。
2．描述采用旋转法和拉伸法绘制三维图形。
3．描述采用集合操作方法绘制复杂三维图形
4．绘制如图 6-3 所示零件的三维图，自动生成零件三视图和轴侧图，并标注尺寸。

五、实验小结

分析实验的准备和实施过程中出现的情况，对照实验结果，写出实验结论。

第二篇

AutoCAD 智能计算和参数绘图技术

本篇主要介绍 AutoCAD 智能计算和参数绘图技术的基础内容，具体有：AutoLISP 科学计算基础、AutoCAD 数据的输入和输出、AutoCAD 智能计算基础、AutoLISP 计算思维、AutoCAD 的绘图环境设置和参数绘图方法等。

实验七 AutoLISP 科学计算基础

一、实验目的

1．熟悉 AutoLISP 的基本数据类型、语句（标准表）及其求值过程；
2．熟悉 AutoLISP 的基本数值运算函数及用法；
3．熟悉 Visual LISP 集成开发环境。

二、实验要求

1．学习 AutoLISP 基本数据类型，掌握 AutoLISP“语句”结构；
2．学习 AutoLISP 数值运算函数的用法，掌握它们的求值过程；
3．学习利用 AutoLISP 实现 AutoCAD 科学计算。

三、实验内容

1．AutoLISP 语法

（1）AutoLISP 的基本数据类型

①整型数　　（INT）
②实型数　　（REAL）
③符号　　（SYM）
④字符串　　（STR）
⑤表　　（LIST）
⑥文件描述符　　（FILE）
⑦选择集　　（PICKSET）
⑧实体名　　（ENAME）

前 4 种数据称为原子，前两种称为数字原子，后两种分别为符号原子和串原子。

表：表的形式概念是由成对匹配的、半角模式的小括号封闭的函数和函数所需数据（数据是可选项）。

标准表：第一个顶层元素是函数，无论是系统函数，还是自定义函数。

引用表：每一个顶层元素都是数据或引用表（这种表叫联接表）。例如，（100 100 0.0）

点对：是特殊的引用表，两个数据之间加一个前后用空格隔开的点。例如，（0 ．“line”）

AutoLISP 的数据类型可以用 type 函数检测，示例如下：

(setq a 123 r 3.45 s "Hello!" x '(a b c))

;;给变量 a、r、s 和 x 分别赋值为 123、3.45、"Hello!" 和 '(a b c)

(setq f (open "name" "r")) ;;以只读方式打开文件 name，并将其文件描述符赋给变量 f

(type 'a);;;*返回* SYM，' 是禁止求值符（相当于函数 quote）

(type a);;;*返回* INT

(type f);;;*返回* FILE

(type r);;;*返回* REAL

(type s);;;*返回* STR

(type x);;;*返回* LIST

(type +);;;*返回* SUBR

(type nil);;;*返回* nil

（2）AutoLISP 的“语句”结构

AutoLISP 语言没有“语句”术语，相当于其他高级语言的语句，一律采用标准表的形式书写。实际上，AutoLISP 程序就是由一个或一系列按顺序排列的标准表所组成。例如，（setq x 25.0）就是一个所谓的标准表，也可以将其看作一条赋值语句。

例如：

```
(setq x 25.0);给变量 x 赋值为 25.0
(setq y 12.2);给变量 y 赋值为 12.2
(+ (* x y) x);计算 xy+x
```

AutoLISP 程序的书写遵循如下规则：

①函数必须放在表中第一元素的位置，函数名不区分大小写（变量名也是如此，确切地说是 AutoLISP 求值器不区分大小写）。算术运算符+、-、*、/等都被定义成函数，也放在表中第一顶层元素的位置，即放在操作数之前，而不是放在它们的中间，这与算术运算的书写格式不同。

②在 AutoLISP 程序中，一行可写几个甚至多个标准表，并由回车符结束此行。如

```
(setq x 25.0)   (setq y 12.2)   (+ (* x y) x)
```

③一个标准表如果很长（如多次嵌套），一行写不下，可分几行书写。

```
(setq ent_line (subst (cons 10 pt)              ;SUBST-NEWITEM
                      (assoc 10 ent_line)       ;SUBST-OLDITEM
                      ent_line                  ;ASSOC-LIST
               );END SUBST
);END SETQ
```

这个标准表虽然仅两次嵌套，这样写层次更明晰，更适合注释，配合注释也更容易理解。按下面这样写功能不变：

```
(setq ent_line (subst (cons 10 pt)(assoc 10 ent_line) ent_line))；一行能写得下
```

但下面这个表嵌套次数超过 5 次，一行根本写不下：

```
(setq zcordi (list (+ (* i (/ (* period wavlen) zaccur)) p0_x)
                   (+ (* swing (sin (* i (/ pi zaccur) period 2.0))) p0_y)
             );end list
);end setq_计算坐标的 x、y 值并构造成坐标，它是绘制正弦曲线时的下一个点
```

这样写还有一个好处，就是可以减少括号匹配的错误。

④AutoLISP 程序中可以使用注释，以一个分号“;”开始，至行尾结束。注释的作用

是显而易见的，它可以放在程序中的任何地方，AutoLISP 求值器总是忽略分号及其后的同行任何符号。

注意：给代码添加注释是指在语句行尾用“;”连接一串说明文字，以帮助理解程序；而注释代码（Visual LISP IDE 中按钮组，左侧的为注释按钮，右侧的为退注释按钮）是要让代码不被执行。

⑤AutoLISP 源程序通常是以扩展名为“LSP”的 ASCII 码文件存储。

（3）AutoLISP 标准表的求值过程

①对表中第一项顶层元素求值结果为函数名；

②对表中各参数的求值：

Ⅰ. 若参数为数（整型数、实型数）、字符串及两个特殊原子 T 和 nil，对它们的求值结果即为该参数本身；

Ⅱ. 若参数为符号原子，则以它们的当前约束值作为求值结果；

Ⅲ. 若参数为引用表，则必须打上禁止求值的单引号，此时求值结果为引用表本身。

③嵌套表的求值顺序是由内向外，例如：

(cdr (assoc 10 (entget (entlast))))；假设最后在图形窗口绘制了一条 LINE

该标准表首先对（entlast）求值，获得该 LINE 的图元名，之后将其作为参数传递给函数 entget，以取得该 LINE 的实体数据（联接表），再将这些实体数据作为第二个参数传递给函数 assoc（组码 10 实际上更早一步传入，参数表达式的运算顺序基本是从左到右），取得 LINE 实体数据中的起点坐标项（带组码 10，如（10 100.0 100.0 0.0）），最后将其传递给函数 cdr，以剥除组码 10，取得起点坐标（$x\ y\ z$）。

2. AutoLISP 程序的编辑、装入和测试

（1）AutoLISP 程序的编辑

AutoLISP 程序是 ASCII 码格式的文本文件，任何一种 ASCII 文本编辑器均可用来编辑 AutoLSP 源程序。AutoCAD 内嵌了专门的集成开发环境（Visual LISP Integrated Development Environment，IDE），以便更好地支持 AutoLSP 程序的编辑、调试和运行。可以使用 AutoCAD 命令 VLIDE 或 VLISP，或者通过菜单（AutoCAD2020→“管理”→“Visual LISP 编辑器”（图 7-1）打开 Visual LISP IDE（图 7-2）。

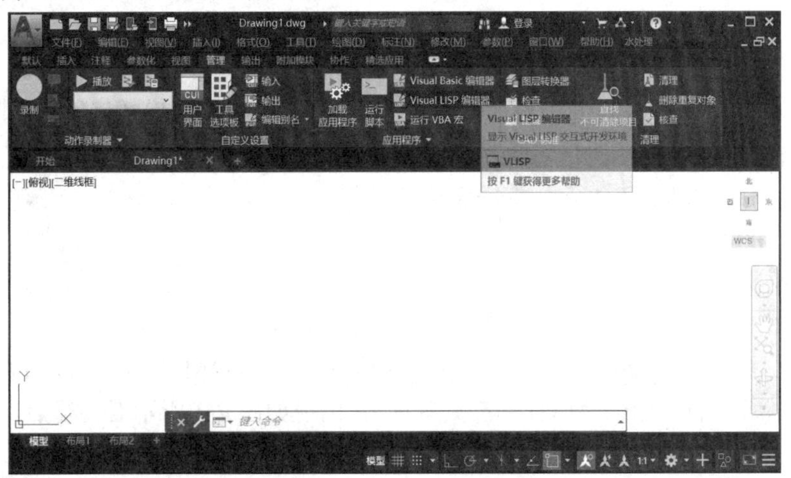

图 7-1　在 AutoCAD2020 的“管理”菜单中打开 Visual LISP 编辑器

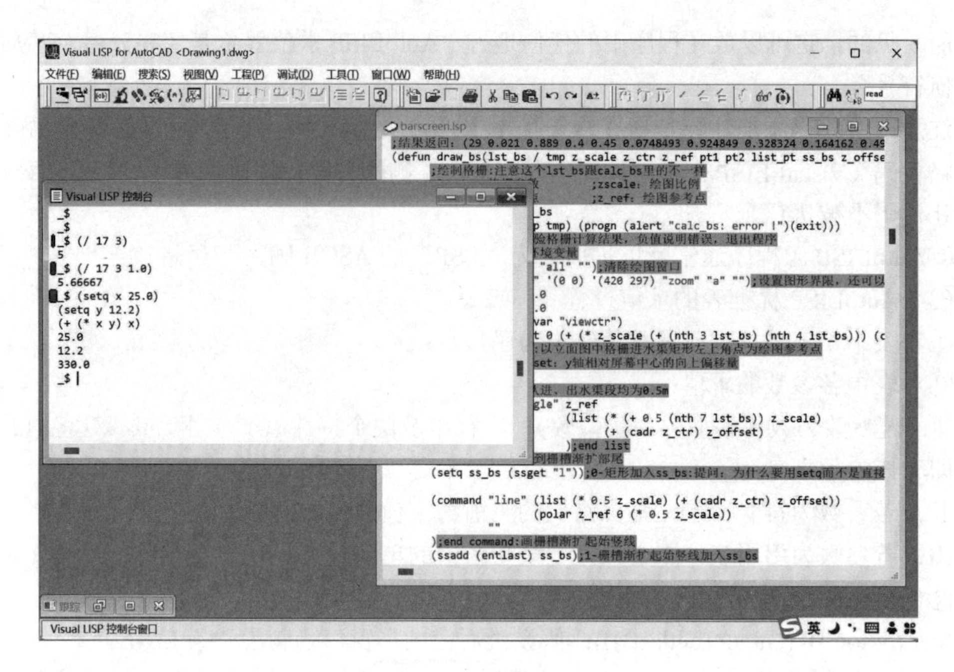

图 7-2 Visual LISP IDE

（2）AutoLISP 程序的装入和运行

AutoLISP 程序可以驻留在任何驱动器的任何目录之下，一个完整的 AutoLISP 文件名应包括磁盘驱动器名、目录名、文件名和扩展名。如驻留在 A 盘子目录 Cl 下的程序文件 input.lsp，其完整文件名为“A：\cl\input.lsp”（在 AutoLISP 程序语句中不这样书写）。驻留在外存上的 AutoLISP 程序只有装入到内存，才能在 AutoCAD 中运行。AutoLISP 是解释型语言，Visual LISP 提供了类似于编译器的求值器，对 AutoLISP 程序中的语句进行逐句求值运算。

可以采用下面 3 种方法装入 AutoLISP 程序：

1）函数 LOAD 载入

在 AutoCAD 命令窗口、Visual LISP“控制台”或 AutoLISP 程序中，可用 AutoLISP 的内部函数 LOAD 实现 LSP 源程的序载入，其格式为：

（Load“Filename”）

Filename 是 LOAD 函数的参数，是 AutoLISP 的一种字符串型数据结构，由驱动器名、目录名和文件名组成，并用“/”或“\\”隔开。例如，在 d：\zhq 目录下有一个 AutoLISP 程序 zhq_cir.lsp，将其装入内存的标准表如下：

(Load “d:\\zhq\\zhq_cir.lsp”)

2）AutoCAD 菜单或命令加载

在 AutoCAD 菜单中或命令窗口中用命令 appload 加载，步骤为：

Ⅰ.“工具”→“AutoLISP”→“加载”（这针对 AutoCAD2010 以前的版本，之后版本见如图 7-1 所示的“加载应用程序”菜单项），出现如图 7-3 所示对话框后，选择需要的文件即可。

Ⅱ.或在命令窗口执行命令 appload，出现如图 7-3 所示对话框后，选择需要的文件即可。

图 7-3 “加载/卸载应用程序”对话框

3）在 Visual LISP IDE 中打开、加载程序

Visual LISP IDE 中，单击“文件”→“打开文件”，选中文件后单击“打开”。例如，出现图 7-2 中右侧的 barscreen.lsp 文件窗口后，再单击工具栏的（加载活动编辑窗口）加载程序，“控制台”出现如图 7-4 所示的加载信息，第 1 条表示程序加载成功，否则会出现相应的错误信息（第 2 条）。例如，如果程序中有括号没有匹配，则会出现“输入的列表有缺陷”的错误。

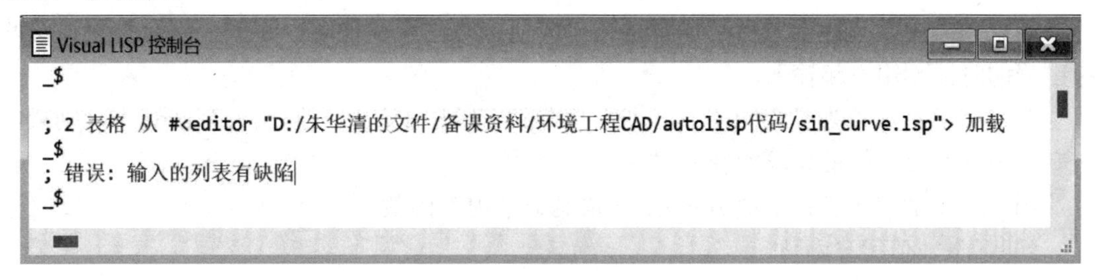

图 7-4　文件加载信息

（3）AutoLISP 程序的测试

1）“控制台”测试程序

AutoLISP 程序成功加载后，可以在“控制台”的提示符“_$”之后用标准表测试程序，格式如下：

（函数名 [<参数>…]）；函数名就是 AutoLISP 程序里紧跟 defun 函数之后的字符串

；[<参数>…]是提供给函数的参数，个数依据函数的形参而定

示例参见图 7-2 中的“Visual LISP 控制台”。基本数学运算符号“/”“*”“+”“-”，同

setq（赋值函数）一样，都是 AutoLISP 内部函数，无须加载就可以使用，调用格式与 AutoLISP 程序（自定义函数）一样。

2）AutoCAD 命令窗口测试程序

AutoLISP 程序成功加载后，还可以在 AutoCAD 命令窗口用标准表测试，格式同上。示例如图 7-5 所示，VL-CMDF 是 AutoLISP 内部函数，它调用 AutoCAD 命令 RECTANGLE，绘制左下和右上角点分别为（0 0）和（100 100）的矩形。AutoLISP 程序（也可叫自定义函数）在 AutoCAD 命令窗口的调用和内部函数一样，采用标准表的格式；另外，自定义函数名前若加上“C:”，则可以像 AutoCAD 命令一样在命令窗口使用。

```
(VL-CMDF "RECTANGLE" '(0 0) '(100 100) "")
```

图 7-5　AutoCAD 命令窗口测试程序

3．AutoLISP 科学计算

（1）学习 AutoLISP 内部函数，需要掌握以下基本内容：

①函数调用格式：包括函数名，以及函数要求的参数个数和类型；

②函数的功能：就是对其参数的处理过程与结果；

③函数的求值过程：包括对参数的求值顺序，以及运算方法；

④函数返回值：主要是返回值类型。

（2）数值函数

1）数值运算规则

Ⅰ. 运算结果的精度以参数的最高精度为准。例如，参数表中的所有参数都为整型数，则求值结果为整型，若其中有一个为实型，则最终求值结果为实型。例如，

(/17 3)；返回值为 5，而不是 5.66667。

(/17 3 1.0)；要想提高返回值精度，仅需连除 1.0。

注意：书中大多标准表后都加有注释，方便即时注意和理解；在“控制台”测试这些标准表的时候不用一起输入。

Ⅱ. 如果参数表为多个同层表，则按从左到右顺序求值；若同层表有嵌套表，则最内嵌套表为该嵌套表的最先求值表。

Ⅲ. 基本数值运算符都被 AutoLISP 定义成了内部函数。

2）基本数值运算函数

加函数（+）、减函数（-）、加 1 和减 1 函数（1+和 1-）、乘法函数（*）、除法函数（/）、求余数函数（REM）、求最大值和最小值函数（MAX，MIN）、求最大公约数函数（GCD）、求 e 的 n 次幂函数（exp）、求数的幂次方函数（EXPT）、求自然对数的函数（LOG）、求数的平方根函数（SQRT）、求数的绝对值函数（ABS）、求正弦函数（SIN）、求余弦函数（COS）、求反正切值（ATAN）、截尾取整（FIX）、转换为实型数［FLOAT（整型转成字符串 ITOA、实型转成字符串 RTOS、字符串转成实型 ATOF、字符串转成整型 ATOI、任意转换 READ）］。

这些函数比较简单，对照“AutoLISP：Functions Reference”中的范例，在“控制台”上可以很容易测试出来。下面就科学计算方面的问题，给出一些测试实例。

实例 1：用函数 EXPT 测试 AutoLISP 的最大整数值：

(EXPT 2 31);-2147483648

(1- (EXPT 2 31));2147483647

AutoLISP 用 4 个字节存储一个整型数，除去作为符号位的最高位，还剩下 31 个二进制位可以用来存储所有的数位。逐个计算并累加 31 个二进制位非常麻烦，可假想将其加 1 得到一个最高位为 1 其余为 0 的 32 位二进制数，它的整数值计算方法为 2^{31}，因此，AutoLISP 最大整数的计算方法为 2^{31}-1。直接计算（EXPT 2 31）会导致越界，不过为保证运算的准确性，AutoLISP 会用更高的精度保存中间计算结果，所以（1-（EXPT 2 31））可以得到准确的结果，而（EXPT 2 31）得不到！

实例 2：用截尾取整函数实现四舍五入运算

AutoLISP 提供了截尾取整函数 FIX，它通过抛弃小数部分实现取整，但这却偏离了科学计算的准确性原则。如果希望在取整的同时，还能使结果更加准确，就需要四舍五入来取整，可以这样实现：

(fix (+ zreal 0.5));可以用 3.01 3.49 3.5 3.51 3.99 等实数代替 zreal 进行测试

为了快速、全面地测试上表算法的准确性，可以将测试数据构造成一个引用表，如(3.01 3.49 3.5 3.51 3.99)，用循环控制函数 foreach 实现从左到右依次提取引用表中的数据，替代 zreal 进行四舍五入运算，并用函数 print 输出结果，如下：

(foreach zreal '(3.01 3.49 3.5 3.51 3.99) (print (fix (+ zreal 0.5))))

标准表（print（fix（+ zreal 0.5)））就是 foreach 的循环体，测试结果如图 7-6 所示。

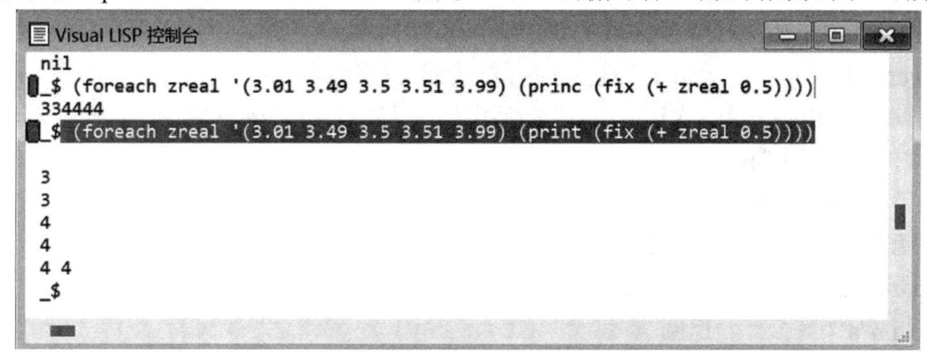

图 7-6　四舍五入的运算结果

实例 3：用实数转字符串的方法实现四舍五入，算法如下：

(read (rtos zreal 2 0))

（rtos zreal 2 0）中的 2 表示首先将 zreal 四舍五入成十进制整数，0 为精度，即没有小数位。该表返回的结果是字符串，因此，需要函数 read 将其“读出”。测试如下：

(rtos 17.5 2 0)　　　　;返回"18"

(READ (rtos 17.51 2 0));返回 18

(READ (rtos 17.47 2 0));返回 17

实例 4：工程计算中还有一种截尾方法，是为保证安全，逢小数则进 1，算法如下：

(read (rtos (+ zreal 0.5) 2 0))；试设计一个表实现较快速、全面的测试

在很多情况下，为保证工程设计结果的可靠性和可行性，即便设计结果里的小数部分小于 0.5，通常都会将其进 1 取整处理，实验十七的格栅栅条数设计计算就是如此。

（3）赋值、再求值与禁止求值函数

赋值函数有setq、set两个，再求值函数为EVAL，禁止求值函数为QUOTE。

1）赋值函数setq

调用格式：(setq *sym expr [sym expr]*...)

该函数是AutoLISP的基本赋值函数，它将符号（*sym*，不求值）与表达式（*expr*）的求值结果相关联，即把表达式的求值结果赋给变量。这种赋值可以是一组，也可以是多组，但返回值为最后一组赋值结果，例如：

(setq a 2.0 b 3 c (/ 12 3) d “string”) 返回："string"

2）赋值函数set

调用格式：(set *sym expr*)

该函数将符号（*sym*，求值）与表达式（*expr*）的求值结果相关联，即将表达式的求值结果赋给变量的求值结果。例如：

(set 'a 5.0);5.0

(set (read "a") 5.0) ;5.0

(set a 50.0)；错误：参数类型错误，因为a会被求值为5.0，它是个实数，不可以给它赋值。

3）禁止求值函数quote

调用格式：(quote *expr*)

该函数返回一个没有求值的表达式（*expr*），例如：

(quote a) *;;返回A* *;;这个标准表还可以写成：'a*

(quote (a b)) *;;* (A B) *;;这个标准表还可以写成：' (a b)*

4）再求值函数eval

调用格式：(eval *expr*)

该函数返回对一个表达式的求值结果。例如：

(setq a 123) ;;返回123

(setq b 'a) ;;返回A

(eval a) ;;返回123

(eval b) ;;返回123

4．AutoLISP没有提供反正弦函数，试设计之（返回以度为单位的角度值）

反正弦函数的计算公式为*y*=arcsin（*x*）＝arctan（ $x/\sqrt{1-x^2}$ ），定义域[-1, 1]，值域[-π/2, π/2]；

可见，反正弦函数的运算，最终要转换为反正切函数的运算。AutoLISP提供了反正切函数atan，可用于反正弦函数值的计算，返回弧度值。用户可据此定义自己的反正弦函数，但需要特别注意边界值的运算，如分母为0值的情况。下面是反正弦函数计算程序：

```
(defun zarcsin(x);返回以度为单位的角度值
    (cond
        ((= x 1.0)   90.0)    ;上界
        ((= x -1.0)   -90.0) ;下界
        ((and (< -1.0 x) (< x 1.0))   (/ (* 180 (atan (/ x (sqrt (- 1.0 (* x x)))))) pi)
```

```
            );;;-1.0 <x<1.0;;;注意：程序里出现的数值都写成实型
            (t          nil);其他情况
        );end cond
);end zarcsine
;(foreach x '(-1 -0.866025 -0.707107 -0.5 0 0.5 1 0.707107 0.866025 1) (print (zarcsin x)))
```

【操作方法】

在 Visual LISP IDE 中，将反正弦函数代码敲入一个空白文件，命名为 zhqasin.lsp（可自定）。将光标插入文档中任意部位，单击图 7-2 工具栏中的按钮（“加载活动编辑窗口”），即可将代码装入内存，之后在“控制台”上输入函数 zarcsin 后面的注释掉的标准表，可以完成自定义反正弦函数的测试。该表通过 foreach 循环，每次取得引用表（-1 -0.866025 -0.707107 -0.5 0 0.5 1 0.707107 0.866025 1）中的一个顶层元素，赋给变量 x 后，执行一次循环体，即标准表：（print（zarcsin x）），它在“控制台”上打印一个反正弦函数值，所有测试结果参见图 7-7 中“控制台”。

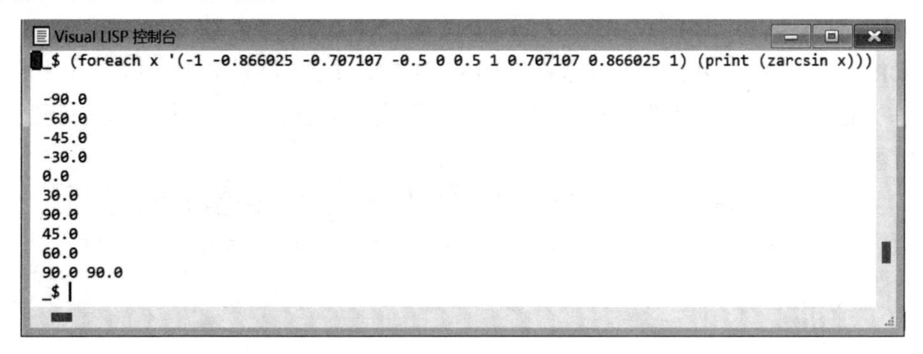

图 7-7 反正弦函数测试结果

注意：每个测试循环输出的最后结果会有一个重复值，是因为 foreach 函数会把最后一次的运算结果作为它的返回值返回。

5．根据表 7-1 设计格栅阻力系数计算程序

表 7-1 格栅阻力系数计算方法

栅条断面形状	形状系数（β）	阻力系数（ξ）	结果
锐边矩形	2.42		0.960
迎水面为半圆形矩形	1.83	$\xi=\beta\ (S/b)^{4/3}$	0.726
圆形	1.79	S——栅条宽，m	0.710
迎、背水面均为半圆形矩形	1.67	b——栅条间隙，m	0.663
梯形	2		0.794
正方形（ε）	0.64	$\xi=[(b+S)/(\varepsilon b)-1]^2$	1.806

格栅阻力系数计算程序：

```
(defun kexi_bs(type_bs wid_bs dist_bs / coef);计算格栅栅条阻力系数 coef
        ;type_bs=1:栅条断面为锐边矩形     ;type_bs=2:栅条迎水断面为半圆形矩形
        ;type_bs=3:栅条断面为圆形         ;type_bs=4:栅条断面迎、背水面均为跑道形
```

```
        ;type_bs=5:栅条断面为正方形     ;wid_bs:栅条宽     ;dist_bs:栅条间距
        (if (= type_bs 5)
            (setq coef (expt (- (/ (+ dist_bs wid_bs) (* 0.64 dist_bs)) 1) 2))
            ;if-true:正方形栅条的阻力系数
            (cond
              ((= type_bs 1) (setq coef (* 2.42 (expt (/ wid_bs dist_bs) (/ 4 3)))))
              ((= type_bs 2) (setq coef (* 1.83 (expt (/ wid_bs dist_bs) (/ 4 3)))))
              ((= type_bs 3) (setq coef (* 1.79 (expt (/ wid_bs dist_bs) (/ 4 3)))))
              ((= type_bs 4) (setq coef (* 1.67 (expt (/ wid_bs dist_bs) (/ 4 3)))))
              (t            (setq coef (* 2.0 (expt (/ wid_bs dist_bs) (/ 4 3)))))
            );end cond ;if-false
        );end if
    );end defun
    ;(FOREACH TYPE_BS '(1 2 3 4 5 6) (PRINT (KEXI_BS TYPE_BS 0.01 0.02)))
    ;(FOREACH TYPE_BS '(1 2 3 4 5 6) (PRINT (KEXI_BS TYPE_BS 0.01 0.02))(PRINC))
```

操作方法同前，采用函数 kexi_bs 后面的注释代码测试，第一个标准表的测试结果如图 7-8 所示。

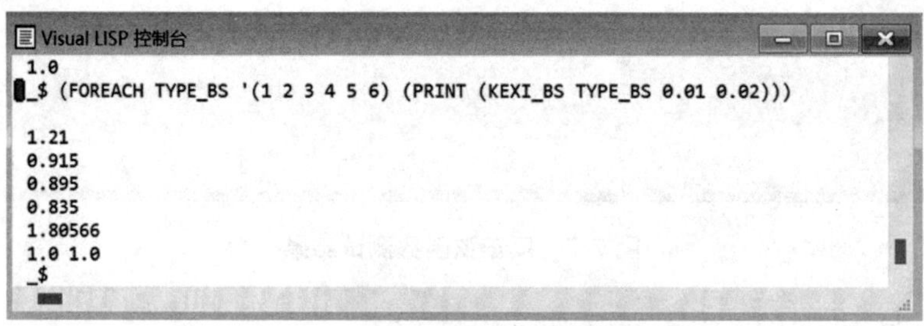

图 7-8　格栅阻力系数计算测试

四、实验结果

1．认识并熟悉 AutoLISP 的基本数据类型及其实例。

2．基本数值运算函数的运算结果。

3．赋值函数的运算结果。

4．编辑、加载和测试反正弦计算程序，思考科学计算准确性的影响因素。

5．编辑、加载和运行格栅阻力系数计算程序，比较各型格栅的阻力系数。

6．在“控制台”测试 kexi_bs 函数后面的第二个标准表，并说明它取消函数 foreach 返回值的机制。

五、实验小结

分析实验的准备和实施过程中出现的情况，对照实验结果，写出实验结论。

实验八　AutoCAD 数据的输入和输出

一、实验目的

1．熟悉 AutoCAD 的数据输入和输出方法；

2．熟悉 AutoLISP 函数的定义方法；

3．熟悉文件开关操作和 Visual LISP IDE。

二、实验要求

1．掌握 GET 族和 READ 族输入函数；

2．掌握 PRIN 族和 WRITE 族输出函数；

3．学习文件开关操作，掌握 AutoCAD 的文件数据输入与输入操作。

三、实验内容

1．AutoCAD 数据的输入

（1）GET 族输入函数

调用格式：(getxxx　[<提示>])

<>：表示函数要求的参数；[ ]表示其中的内容是可选项，即可以提供，也可以省略。

1）整数输入 GETINT

如果输入不是整型数，而是直接回车或空格键，则返回 nil。

(setq　a　(getint　"\nEnter an integer number:"))

2）实型数输入函数 GETREAL

无论是输入实数还是输入整型，均返回实型。

(setq　a　(getreal　"input:\n"))

3）距离值输入 GETDIST

(getdist　[<基点>　<提示>])

等待用户输入一个距离值。其中任选项<基点>是指定一基点（二维点或三维点）。输入距离的方式有 3 种：

Ⅰ．输入一个距离值数；

Ⅱ.在屏幕上指定两个点；

Ⅲ．先指定基点，再指定另一点。

不管输入格式如何，最终返回一个实数。

例如：

(setq　d　(getdist)) ;直接输入距离

(setq d (getdist "\nHow far")) ;输入两个点

(setq d (getdist ′(50.0 55.5) "how far:")) ;指定基点

4）点的输入函数 GETPOINT

(getpoint [<基点> <提示>]);返回由实型数构成的引用表(*x y z*)，即坐标。

(setq p (getpoint "point:"))

(setq p (getpoint ′(50 50) "point"));若直接输入点，则返回该坐标;

若输入一个数值，则返回与点(50 50) 的距离等于该数值的点坐标（不确定）。

5）窗口输入函数 getcorner

(getcorner <基点> [<提示>])

(setq pw (getcorner ′(50 50) "input:"));返回值为一点。

6）相对角度的输入 GETANGLE

(getangle [<基点>] [<提示>])

函数 getangle 不管当前 AutoCAD 设定的角度是何种单位，一律转化为弧度值返回。

(setq ang (getangle "input :"))

(setq ang (getangle ′(50 50) "input"))

7）方位角输入 GETORIENT

(getorient [<基点>] [<提示>])

(setq ang (getorient "input :"));返回的是一个方位角度值，即绝对角度。

8）输入控制 INITGET

(initget [<位值>] [<关键字字符串>])

位值	控制意义
1(00000001)	不接受空输入（回车或空格）
2	不接受零值
4	不接受负值
8	不检查图形范围
16	返回三维点而不是二维点
32	用虚线（或加亮的线）画皮筋拉伸线或拉伸框

例如：

(initget (+ 1 2 4) 或 7)

(setq d (getreal "input"))

通过设置关键字集合，使上述只能接受数值和点的 get 族函数，也能接受关键字字符串。

(initget "Le Ri")

(setq bp (getpoint "input"))

输入关键字时也可输入简写字，此时简写字部分必须大写。

9）字符串输入

Ⅰ. GETSTRING

(getstring [<选项>] [<提示>]);其中<选项>为 T 或 nil

当设定了<选项>且为 T 时，输入的字符串中可以含空格（此时必须用回车终止输入）。<选项>若为 nil，输入的字符串中不能含有空格（此时可用回车或空格终止输入）。例如：

(setq d (getstring "\n What's your name?"))

Ⅱ. 关键字输入 GETKWORD

(getkword [<提示>])

由于 initget 函数对 getstring 不起控制作用，为了对用户输入的字符串有一定限制，在 getkword 函数调用前，先用 initget 函数设置关键字。例如：

(initget "Yes No")

(setq k (getkword "Are you sure?(Y/N)"))

（2）READ 族输入函数

1）READ-CHAR

调用格式：(read-char [文件描述符])

该函数从键盘或一个已打开的文件中读取一个字符。如果 read-char 函数遇到了文件结束标志，它就返回 nil；否则，它返回它所读取到的那个字符的 ASCII 码。如果参数缺省，read-char 默认从键盘缓冲区读取字符，如果此时键盘缓冲区为空,则等待用户从键盘输入。例如：

(SETQ ZSTR (READ-CHAR)) ;将键盘缓冲区的字符赋给变量 ZSTR

如果首次在“控制台”上测试该标准表，系统会进入 AutoCAD 图形窗口的字符输入模式，待用户输入一个字符串加回车后，函数控制系统回到 Visual LISP IDE，并返回第一个输入字符的 ASCII 码；之后在“控制台”重复测试该表，系统依次返回剩下的字符，直到返回 10（就是回车键的 ASCII 码），系统重新进入 AutoCAD 图形窗口的字符输入模式，等待用户输入。

2）READ-LINE

调用格式：(read-line [文件描述符])

该函数从键盘或一个已打开的文件中读取一行字符。如果 read-line 函数遇到了文件结束标志，它就返回 nil；否则，它返回它所读取到的那个字符串。

例如，假设变量 zfd 是一个有效的已打开的文件描述符，执行(read-line zfd)将返回文件中的下一个读入行，而如果已经到达文件结束处则返回 nil。

2．AutoCAD 数据的输出

（1）PRINT

调用格式：(print <表达式>)

打印一个表达式到命令行，或写一个表达式到一个已打开的文件中。

(print 'e) ;返回 E E,前一个 E 是输出值，后一个 E 是函数返回值

函数 print 与其他 prin 族函数的差异在于，它在打印<表达式>之前会输出一个换行，打印之后再输出一个空格。

（2）PRIN1

调用格式：(prin1 <表达式>)

往命令行打印一个表达式或写一个表达式到一个已打开的文件中。

表达式也可以包含一个已打开的文件指针，内容会被准确地写入文件中，就像它出现在屏幕上的那样。

(setq a 123 b '(a))

(prin1 'a) ;;;打印 A 并返回 A

(prin1 a) ;;;打印 123 并返回 123

(prin1 b) ;;;打印 (A) 并返回 (A)

(prin1 "Hello") ;;;打印 "Hello" 并返回 "Hello"

前面的每一个例子都显示在屏幕上，因为没有指定文件描述符。假定 F 是为写而打开的一个文件的有效的文件描述符，执行（prin1“Hello”f）将“Hello”写到指定的文件中，并将会返回“Hello”。

如果表达式是包含控制字符的一个字符串，prin1 函数为这些字符加上前置的\字符来扩展这些字符。表 8-1 给出了可用的控制字符。

表 8-1 输入和输出中的控制字符

代码	说明	代码	说明
\\	\字符	\t	制表符
\"	"字符	\nnn	八进制代码为 nnn 的字符
\e	换码字符	\U+XXXX	Unicode 序列
\n	换行符	\M+NXXXX	多字节字符列
\r	回车符		

下面的实例给出了控制字符的使用方法：

(prin1 (chr 2)) ;;;打印"\002"并返回"\002"

(prin1 (chr 10)) ;;;打印"\n"并返回"\n"

print 函数也可以不带变元被调用，这时也将返回（和打印）空字符串。如果在自定义的函数中使用 prin1（不带变元）作为最后的表达式，当函数执行完成时仅会打印一个空行，这就为应用程序“静静地”退出提供了可行的方法。类似功能还可以通过（princ）实现，其原理是程序会将最后一个标准表的返回结果作为程序的返回值返回，既然标准表（princ）没有任何返回值，那以（princ）作为结束行的程序也不返回任何值。例如，下面的程序设置长度单位为建筑制，十字标志关闭，之后静默退出程序。

```
(defun C:SETUP()
    (setvar "LUNITS" 4)      ;;;1-科学制，2-十进制，3-工程制，4-建筑制，5-分数制
    (setvar "BLIPMODE" 0);;;1-十字标志打开，0-十字标志关闭
    (prin1)                  ;;;静默退出
)
```

上述函数执行后，将“静静地”退出程序，而没有返回值。

（3）PRINC 函数

调用格式：(princ <表达式> [文件描述符])

往命令行打印<表达式>的求值结果，或将该结果写到一个已打开的文件（由[文件描述符]指定）中。

函数 princ 的功能与 prin1 的相同，除了在表达式中的控制字符照样打印而不作扩展这点不同之外。

（4）WRITE-CHAR 函数

调用格式：(write-char <数> [文件描述符])

写一个字符到“控制台”上或到一个已打开的文件中,<数>是要输出的那个字符的十进

制 ASCII 码，并且它也是 write-char 函数所返回的值。

(write-char 67) ;;;返回 C67。

假设 ZFD 是一个已打开文件的文件描述符，则：

(write-char 67 ZFD) ;;;返回 67,并往文件中输出字符 C。

（5）WRITE-LINE 函数

调用格式：(write-line <字符串> [文件描述符])

函数 write-line 写一个字符串到“控制台”上或到一个已打开的文件中，返回的字符串带有双引号，但当字符串被输出到文件中时，会省略字符串的两端的双引号。假设 ZFD 是一个打开的文件描述符，则

(write-line "Test" ZFD)

将往文件 ZFD 中输出内容 Test，而返回“Test”。

前文介绍了 READ-CHAR 函数每次读取键盘缓冲区的字符，下面的代码可以实现打印键盘缓冲区里的全部字符：

```
(WHILE (/= 10 (SETQ ZSTR(READ-CHAR))) ;检测键盘缓冲区当前字符，不为回车则循环
        (PRIN1 ZSTR);;(PRIN1 (CHR ZSTR));循环体，打印字符的 ASCII 码或字符
);END WHILE
```

首先，在“控制台”上测试一遍上面的代码，其次，将循环体中“;;”及其前面的那行代码删除，再测试一遍。最后，分别用函数 PRINT、PRINC 替换 PRIN1，比较输出结果之间的变化。

3．文件开关操作

通常用来实现文件开关操作的函数为 open 和 close。

（1）open 函数的打开方式

① “r” 方式：采用只读方式打开，成功则返回文件描述符；否则返回 nil。例如：

(setq zhqfd (open "d:/shit/shit.txt" "r")) ;返回 nil，文件不存在，打开不成功，如图 8-1 所示。

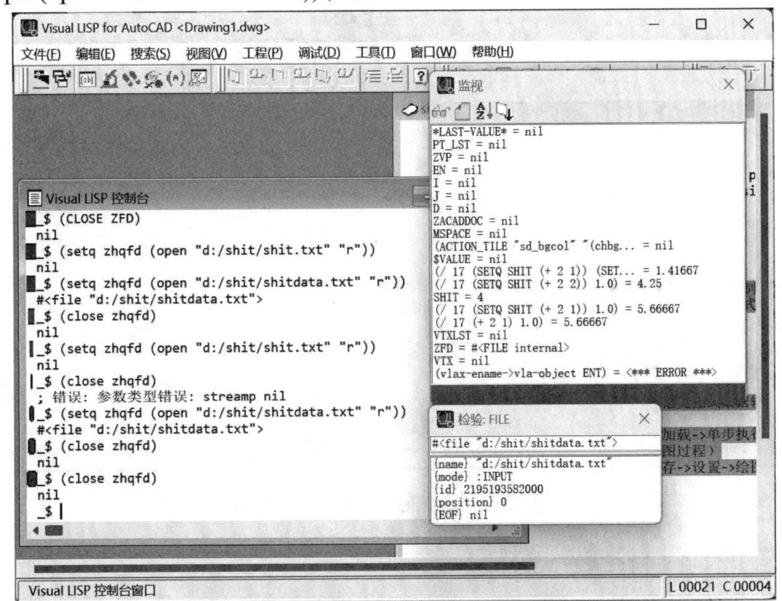

图 8-1 文件描述符和文件开关操作

(setq zhqfd (open "d:/shit/shitdata.txt" "r")) ;返回#<file "d:/shit/shitdata.txt">，打开成功。

②“w”方式：采用只写方式打开，如果文件不存在则新建，否则打开并覆盖。

③“a”方式：采用追加方式打开，如果文件不存在则新建，否则打开并在文件尾追加。

（2）close 函数的用法

调用格式：(close <文件描述符>)

该函数通过一个文件描述符（由 open 函数打开文件时生成）来关闭一个打开的文件。函数执行成功则返回 NIL，否则，返回一个错误信息。

注意：即便是由文件描述符维持的文件已经关闭，调用 close 函数仍然返回 NIL；但是，如果文件打开不成功，用 close 函数关闭该描述符会出错。

（3）getfiled 函数

调用格式：(getfiled *title* *default* *ext* *flags*)

图 8-2 为 getfiled 函数调用后出现的对话框，该函数通过一个 AutoCAD 标准文件对话框提示用户指定一个文件，从而获取该文件的全路径。title 是一个字符串，用来指定对话框的标题。Default 是默认文件路径，如果指定了则函数默认获取该路径下的所有文件，并显示在对话框中，否则以""指定。ext 是指定文件扩展名，对话框仅显示指定类型的文件，否则以""指定。Flags 是一个整数值，用来控制对话框的行为。例如，1（设定 0 位为 1）指示新建文件名，如果需要提示打开一个现在文件名，则不要指定该项；4（设定 2 位为 1）允许用户任意指定扩展名，甚至不指定；8（设定 3 位为 1）指示搜索指定的文件，如果 0 位同时设置（flag 为 9，即二进制 1001）则提示将覆盖该文件。例如：

(SETQ ZF (getfiled "Select a TXT File" "D:/SHIT/" "TXT" 8));结果参见图 8-2。

(SETQ ZF (getfiled "Select a TXT File" "D:/SHIT/" "TXT" 9));结果参见图 8-3。

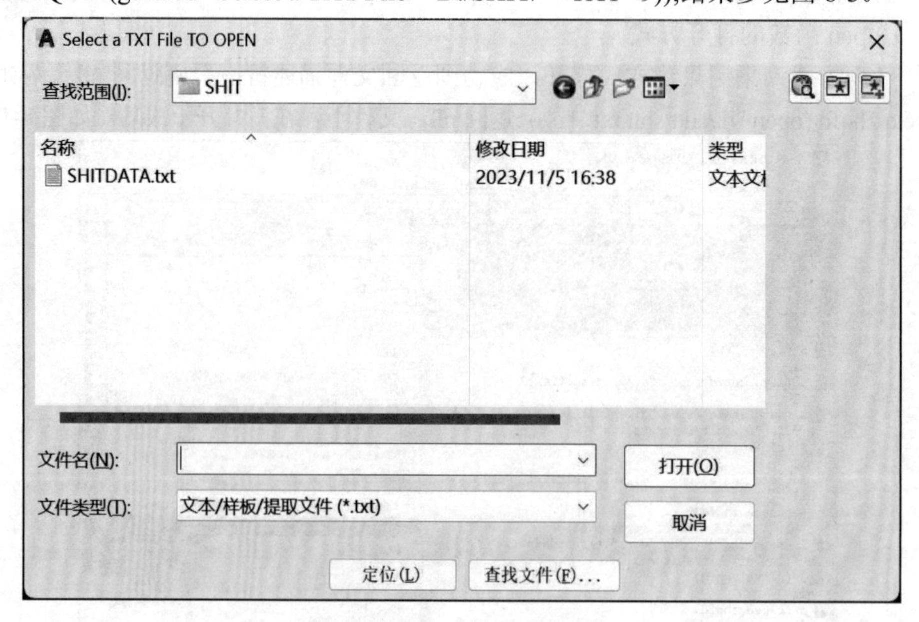

图 8-2 getfiled 函数查找文件

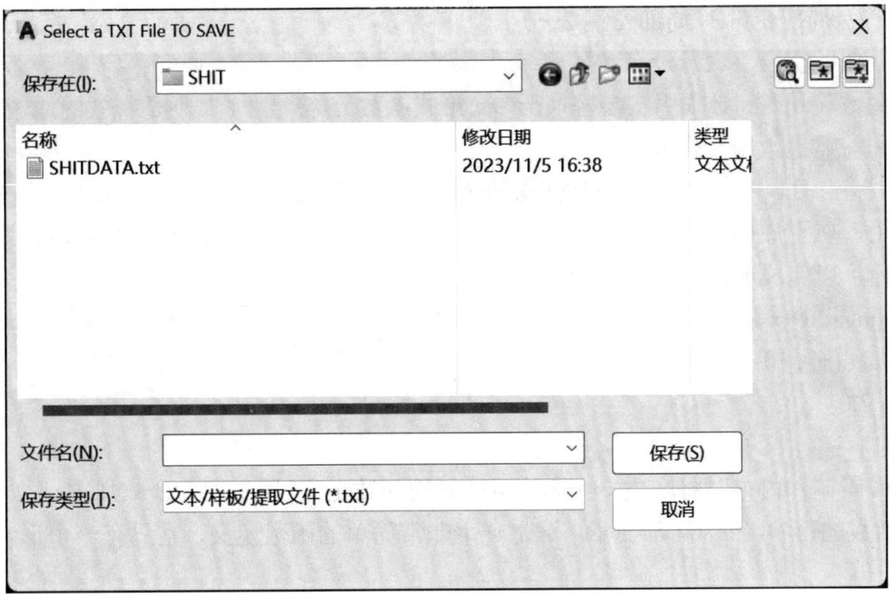

图 8-3 getfiled 函数保存文件

4．函数的定义

AutoLISP 程序是由一系列有序排列的标准表构成的，标准表的第一个元素是函数名，它可以是 AutoLISP 内部函数（由系统定义），也可以是用户自己定义的函数（叫作自定义函数）。

（1）自定义函数

自定义函数的过程包括函数定义和函数调用两部分。用户定义函数要用系统提供的内部函数 DEFUN，利用它定义用户的函数名、需要的参数和完成的功能（函数体），其返回值为函数名。

（2）自定义函数的格式

```
(defun 函数名( <参数列表>)
        <标准表 1>
        <标准表 2>
         …
        <标准表 n>
)
```

自定义函数的说明：

①defun 是 AutoLISP 的一个特殊函数，它不对其任何变元参数求值，而仅仅查看一下变元并建立一个函数定义，以后这个定义可以用函数名来调用。

②函数名就是自定义函数的名称，它必须是符号原子，不区分大小写。

③<参数列表>又叫函数的变量列表，出现在这里的变量都是局部变量。它有以下书写格式：

Ⅰ．(形参 1 形参 2… / 局部变量 1 局部变量 2…)

Ⅱ．(形参 1 形参 2…)

Ⅲ. (/ 局部变量 1 局部变量 2…)

Ⅳ. ();即空表，表示没有参数。

在函数调用时，必须用实参替换形参（形式参数）。符号“ / ”不是有效的原子分隔符，它必须和前后参数用空格分开。

④<标准表 1> <标准表 2>…是任意的 AutoLISP 表达式，它们甚至可以是所定义函数自身的调用，以形成函数的递归定义。这些表达式是函数的定义体，它们在函数调用时将依次被求值，以完成所需功能。例如：

```
(defun add*(x / a)
(setq a (+ x 10))
(* a 2.0)
)
```

该代码调入内存时将产生一个名为 ADD*的函数定义，用于把一个数加 10 后再乘以 2。x 为该函数的形参，a 为局部变量。这是一个非常简单的函数定义，它只有一个形参和两个表达式。

（3）函数的调用

自定义函数的调用和系统内部函数的调用一样，也是采用标准表的形式，表中第一项就是自定义函数名，其后的各项为自定义函数所要求的实参，实参要与形参（顺序、类型与数目）严格对应，返回值为自定义函数体的最后一个标准表的求值结果。例如：

```
(add* 5.5)      ;;;返回 31.0
```

调用函数 add*，用实参 5.5 取代形参 x，并依次执行：

```
(setq a (+ 5.5 10))
(* a 2.0)
```

最后返回(* a 2.0)的求值结果 31.0。

函数调用可以放在程序中的任何地方，当然要保证函数返回值的类型与调用函数所要求的数据类型相符。还可以在 AutoCAD 命令窗口、菜单文件或 SCR 批处理文件（一批 CAD 命令和参数）中调用，调用格式是一样的。也就是说，能调用 AutoLISP 内部函数的地方，也能调用自定义函数，但前提是事先加载自定义函数。

（4）注意事项

①若一个函数有一个以上的形参，则形参不能同名；若一个函数有多个局部变量，则局部变量允许同名；函数的形参名和局部变量名也允许同名。例如：

```
(defun XYZ1(a a / b)          ;;;非法，因为形参同名
(defun XYZ2(a b / a a b)      ;;;合法，因为局部变量允许同名
```

②如果函数的形参与局部变量存在着同名的现象，则每个名字的第一个出现会被使用，随后的出现会被忽略。

③若调入内存的函数有同名现象，那么后面的定义将取代前面的同名函数的定义。因此，在定义一个函数时，对函数的取名一定要谨慎。尤其不要用 AutoLISP 内建式函数名和符号名作为用户自定义的函数名，否则，将会使内建式的函数和符号名失去原有的定义，造成对应用程序的致命影响。

④进入函数调用后，若局部变量没被赋值，则它们在本函数体内的约束值为 nil，而不

管其在函数外的值如何。局部变量若被赋值，它也不会改变本函数体之外同名变量的值。

⑤defun 函数本身返回由它定义的函数名。

5．试写一个函数，读取指定文件的数据行

```
(defun file-in(zhqfn / zhqfd zstr)
        (if   (not (setq zhqfd (open zhqfn "r")));;;if 函数的条件，将 open 的结果赋给 zhqfd
              ((prompt "file open error!")
               (exit);;;打开失败则直接用 exit 函数退出程序（中断程序）
              )
        );判断文件打开不成功则给出信息并中断程序
        (setq zstr   (read-line zhqfd));;;读取一行字符
        (close zhqfd);;;关闭文件，必须与 open 函数匹配
        zstr;;;将变量 zstr 的结果作为程序的结果返回
);end defun
```

最后一个标准表的求值结果被 AutoLISP 程序默认返回，如果需要返回的结果不是来自最后的标准表，则将其在程序最后一行列出就可以（如上面程序中的 zstr）。

6．程序测试

函数 file-in 的测试过程如下：

①在“D:\SHIT\”下建立文件：SHITDATA.txt，随便输入一些文字。

②新建一个 lsp 文件，将函数 file-in 输入文件并以“filein.lsp”命名、保存。

③加载 filein.lsp。

④在“控制台”输入：

(SETQ ZF (getfiled "Select a TXT File" "D:/SHIT/" "TXT" 8))

⑤再在“控制台”输入：

(file-in zf);查看结果。

四、实验结果

1．列出 GET 族和 READ 族函数的运算结果。

2．列出 PRIN 族和 WRITE 族函数的运算结果。

3．列出文件操作结果。

4．描述 FILE-IN 函数的运算过程和结果。

五、实验小结

分析实验的准备和实施过程中出现的情况，对照实验结果，写出实验结论。

实验九　AutoCAD 智能计算基础

一、实验目的

1．熟悉 AutoLISP 基本数据类型、语句结构以及求值过程；
2．熟悉 AutoCAD 智能计算基础知识；
3．熟悉 AutoLISP 程序设计方法。

二、实验要求

1．掌握 AutoLISP 的基本数据类型的使用；
2．掌握智能计算过程中的表处理方法；
3．掌握 AutoLISP 的基本程序结构（顺序）和变量的使用方法。

三、实验内容

1．表提取

（1）提取首个顶层元素（CAR）

调用格式：(CAR lst)

该函数提取引用表的第一个顶层元素，或点对的左元素。例如：

(SETQ PT (GETPOINT "ENTER A POINT"));输入点(100.0 200.0 0.0)
(car pt);返回 100.0
(car '(0 . "line"));返回 0

（2）去除首个顶层元素（CDR）

调用格式：(CDR lst)

该函数返回剥除第一个顶层元素后的引用表，或返回点对的右元素。例如，针对上述变量 PT：

(CDR PT);返回(200.0 0.0)
(CDR '(0 . "LINE"));返回"LINE"

（3）嵌套提取（CXXXXR：X=a、d）

嵌套表提取（组合深度不超过四层）例如：

(CADDR '(1 (2 3 (4 5 6)) 7 8));返回 7
(CDR '(1 (2 3 (4 5 6))));返回((2 3 (4 5 6)))
(CADR '(1 (2 3 (4 5 6))));返回(2 3 (4 5 6))
(CDDADR '(1 (2 3 (4 5 6))));返回((4 5 6))

（4）定位提取（NTH）

调用格式：(NTH n lst)

按位提取顶层元素（n=0 表示提取 lst 的第一个顶层元素）。例如：

(NTH 6 '(1 2 3 4 5 6 7 8));返回 7

（5）提取最后顶层元素（LAST）

调用格式：(LAST lst)

提取最后一个顶层元素，例如：

(LAST　'(1 2 3 4 5 6 7 8));返回 8

2．表构造

（1）列表（LIST）

调用格式：(list <表达式>…)

函数 List 将任意数目的表达式组合成一个表。在 AutoLISP 中，List 函数经常用于定义一个 2D 或 3D 点变量（参数绘图过程中，绘图点的 *x*、*y*、*z* 坐标值可由设计模型运算得出），之后通过函数 command 赋给 AutoCAD 的绘图或编辑命令。如果表中没有变量或没有未确定的项，可以显式地用单引号括起一个表，能达到 list 函数同样的效果。例如，'(3.9 6.7) 等价于(list 3.9 6.7)，这对生成联接表或定义坐标点来说是非常方便的方法。

(list 'a 'b c)　　;;;返回(A B nil);C 未赋值，对 C 的求值结果为 nil

(list 'a '(b c) 'd)　　;;;返回(A (B C) D)

(list 3.9 6.7)　　;;;返回(3.9 6.7)

（2）合并表（APPEND）

调用格式：(append [表 ...])

APPEND 函数将任意多个表合并在一起，组合成一个新表，原来表中的顶层元素依旧是新表中的顶层元素。

(append '(a b)'(c d))　　;;;返回(A B C D)

(append '((a)(b)'((c)(d)))　　;;;返回((A)(B)(C))

(setq X '(a b c))　　;;;返回(A B C)

(setq Y '(d e f))　　;;;返回(D E F)

(setq Z (append X Y))　　;;;返回(A B C D E F)

（3）表追加或点对构造（CONS）

调用格式：(CONS <表达式 1> <表达式 2>)

cons 是 AutoLISP 的重要表构造函数，它把<表达式 1>加到<表达式 2>的开头，构成一个新表后并返回它。<表达式 1>可以是一个原子或一个表，<表达式 2>可以是表，返回的则是引用表；如果<表达式 2>是原子，cons 函数返回点对（一种特殊的引用表）。AutoLISP 的点对是一种只有两个顶层元素的引用表，在第一个元素和第二个元素之间加两个空格和一个圆点分隔；使用 car 和 cdr 函数可以分别提取点对的左、右顶层元素。

(cons 'a '(b c d))　;返回（A B C D）

(cons '(a) (b c d))　;返回（(A) B C D）

(cons 'a 'b)　;返回（A . B），注意，“.”的前后各有一个空格。

(car (cons 'a 2))　;返回 A

(cdr (cons 'a 2))　;返回 2

（4）逆序（REVERSE）

调用格式：(reverse <表>)

该函数使<表>中顶层元素倒排，最后返回表中顶层元素倒排后的新表。

(reverse '(a (c d) e g))　　;返回(G E (C D) A)

3．表替换（SUBST 函数）

调用格式：(subst <新项> <旧项> <表>)

<新项><旧项>为任意表达式，最后一个参数必须是表。该函数在<表>中进行搜索<旧项>，并把所有与<旧项>的值相等的元素用<新项>替换，组成新表。

(setq　t1　'(a　y　a　z))　　;;;返回(A Y A Z)

(setq　t2　(subst　'p　'a　t1))　　;;;返回(P Y P Z)

4．表检索（ASSOC 函数）

调用格式：(assoc　<关键字> <表>)

该函数搜索<表>，以找到其中与<关键字>相同的元素，并返回包含<关键字>的一个子表（或点对），若找不到则返回 nil。

联接表经常用于存储可由<关键字>检索的数据，这也是图形数据库中实体数据的组织形式。结合 subst 函数，可以便捷、高效地从联接表中检索并替换与<关键字>相关联的数据。

先在“控制台”运行下表：

(setq AL'((name box)(width 3)(size 4.7263)(depth 5)));将联接表赋给 AL

再测试下面的表：

(assoc　'size　AL)　　;;;返回(SIZE 4.7263)

(assoc　'weight　AL)　　;;;返回 nil

继续测试：

(assoc (+ 320 180) '((500 . FIRST)(400.SECOND)(500 . THIRD)));返回 (500 . FIRST)

(COMMAND "LINE" '(50 50) '(100 100) "");过点(50 50)画直线止于点(100 100)

(SETQ EN (ENTGET (ENTLAST)));获取最后所画直线的属性并数据赋给 EN,内容如下：

((-1 . <图元名: 1ff04799c50>) (0 . "LINE") (330 . <图元名: 1ff691979f0>)

(5 . "28D") (100 . "AcDbEntity") (67 . 0) (410 . "Model") (8 . "0")

(100 . "AcDbLine") (10 50.0 50.0 0.0) (11 100.0 100.0 0.0) (210 0.0 0.0 1.0)

)

这个联接表的每一个顶层元素（所谓子表）要么是引用表，要么是点对，而且所有子表的第一个顶层元素都是有特定指代作用的整数，叫组码。例如，对于 LINE，组码 10 表示后面的数据是起点坐标值，11 表示后面的数据是终点坐标值。对于所有实体，组码 0 均表示实体类型名（例如，LINE、XLINE、CIRCLE、LWPOLYLINE 等），-1 表示图元名，8 表示图层名。有关组码的更多详细描述，可以参考 AutoCAD 帮助文件之“DXF 参考”（文件名为 acad_dxf.chm）。

要获取实体的某个属性数据，可以通过 ASSOC 函数以组码做<关键字>检索实现。例如：

(ASSOC 10 EN)　　;返回(10 50.0 50.0 0.0)

(CDR (ASSOC 10 EN))　;返回(50.0 50.0 0.0)，提取到该直线的起点坐标

5．AutoLISP 程序设计方法

（1）建立程序文件［建立程序运行条件（例如，建立形参、局部变量）和控制方法］；

（2）建立语句测试环境（例如，在“控制台”建立全局变量）；

（3）在 Visual LISP 控制台测试语句；

（4）完善程序文件（将通过测试的语句写入程序文件）；

（5）调试程序文件（例如，加载程序文件，设置断点，在“控制台”测试程序，监视程序执行过程和变量变化过程等）。

6．变量的使用

自定义函数的主要作用是完成所需的功能（如返回值），但在调用时和调用后可能会占用 AutoLISP 额外的符号空间，因为定义了符号变量（变量名是符号类型数据），而且很可能多于存储返回值所需的空间（主作用），这就是自定义函数的副作用，它和变量的使用密切相关。

（1）变量的类型

1）局部变量

出现在函数变量列表中的变量称为局部约束变量，它包括形参和局部变量两种。形参是指放在函数变量列表中斜杠“/”前面的局部变量，在函数调用时用实际参数取代。局部变量是指出现在函数变量列表中的除形参以外的变量，用一个斜杠将它和形参隔开。从变量的存在周期来看，形参和局部变量都只在函数的作用域内有效，一旦超出，它们都将被系统销毁；所以，局部约束变量和它所包含的两种形式的变量，都可以叫作局部变量。

2）全局变量

全局变量是指没有出现在函数变量列表中的变量。全局变量使用前无须定义，使用的场合可以是在函数体中，也可以是在 Visual LISP IDE 的“控制台”或 AutoCAD 的命令窗口。

例如，下面程序定义了一个名为 vartest 的函数，其中用了 5 个变量：x, y, a, b, c。

```
(defun vartest (x y / a b);x, y, a, b 是局部变量，其中 x, y 是形参
  (setq a (+ x 1.0) b (* y 2.0))
  (setq c (+ a b));c 是全局变量。
)
```

再如，在“控制台”测试如下语句：

```
(setq a 4 b 3.5)   ;在“控制台”给变量 a 和 b 赋值，它们都是全局变量
(vartest a b)      ;执行函数 vartest，返回 12.0
```

函数 vartest 的监视结果如图 9-1 所示，在调用 vartest 函数时，全局变量 a 和 b 的值被传递给形参 x 和 y 之后就被屏蔽（保护起来）。进入函数体后，x 首先参与加运算，结果被赋给局部变量 a；其次是 y 参与乘运算，结果被赋给局部变量 b；最后将这两个局部变量的值相加，结果赋给全局变量 c。整个函数周期中，全局变量 a、b 的值没有发生变化；函数 vartest 开辟了 4 个实型变量（A、B、C、Y）和 1 个整型变量（X），而它的主要作用仅是返回实数值 12.0。

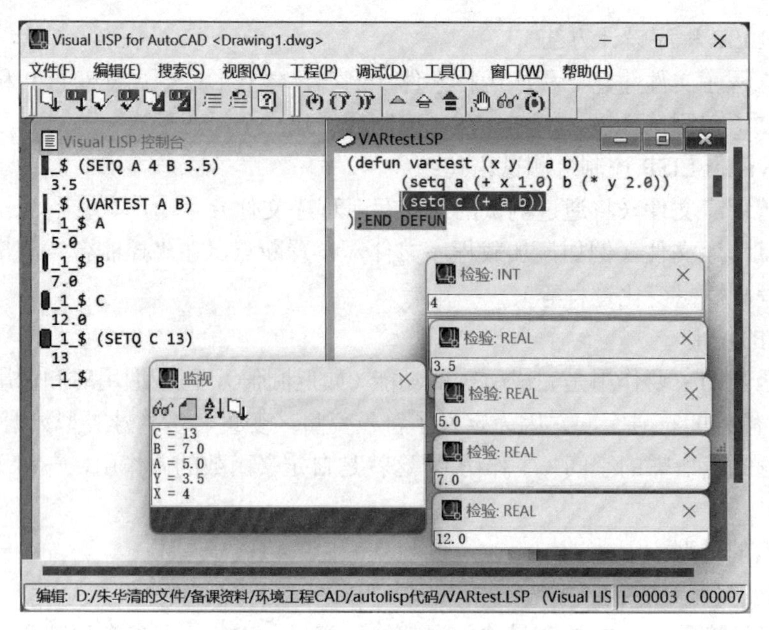

图 9-1 函数 vartest 的监视结果

（2）变量的作用域

函数的局部约束变量的外部约束值（外部定义的同名全局变量，如图 9-1 中“控制台”所示，但进入函数体之后，全局变量 a、b 的值被屏蔽）在函数调用时会被保存起来，在函数调用结束后又被恢复；函数内部定义的同名局部变量在函数周期内的变化不会影响外部约束值，在调用结束时被完全销毁。这种机制说明：局部变量可以不受外部的影响，也不会影响外部同名全局变量。

全局变量在函数周期内、外都一直存在，除开同名全局变量会在函数周期内被屏蔽、保护外，函数内部对其他全局变量的操作均有效，而且很可能导致全局变量约束值的不确定性（因为先行子程序的线程在竞争 CPU 时间片时有可能落到后行子程序线程的后面，如图 9-2 所示）。所以，像函数 vartest 通过全局变量向函数外部传递数据（变量 c）的做法既不科学，也没有必要。因为，如果非要向外部传递一个数值来改变全局变量 c 的话，在 vartest 内部用(+ a b)替换(setq c (+ a b))，再在外部需要的地方写上(setq c (vartest a b))就行，而且更加安全。

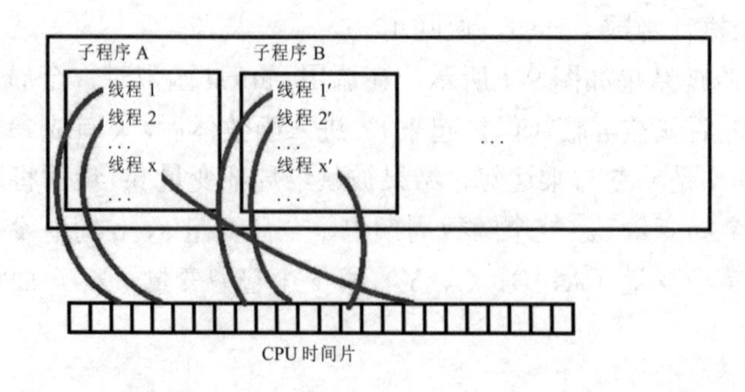

图 9-2 子程序的线程对 CPU 时间片的竞争

7．写一个函数，获取图形文件的所有图层名

```
(defun LAYERLST(/ LST ZTBL);
        (while (setq ZTBL (tblnext "layer" (null ZTBL)))
                ;TBLNEXT 的第二个参数不为 NIL 就从第一个图层开始检索
                (setq LST (CONS (CDR (assoc 2 ZTBL)) LST));;表构造
        );end while
);END LAYERLST
;;;(LAYERLST)
;;;("ZDIM" "AID" "DETAIL" "SEC" "MAIN" "0")
```

假定 AutoCAD 当前图形文件仅有"0"图层，在“控制台”执行下面标准表：

(setq ZTBL (tblnext "layer" (null ZTBL)));ZTBL 的初始值为 nil

返回值：((0 . "LAYER") (2 . "0") (70 . 0) (62 . 7) (6 . "Continuous"))

再次执行：

(setq ZTBL (tblnext "layer" (null ZTBL)));返回 nil

继续执行：

(setq ZTBL (tblnext "layer" (null ZTBL)))

返回值：((0 . "LAYER") (2 . "0") (70 . 0) (62 . 7) (6 . "Continuous"))

就这样，结合 WHILE 函数控制，TBLNEXT 函数可以遍历 LAYER 中的所有图层。在参数绘图过程中，也需要建立图层、管理图层。无视图层存在与否，就直接建立图层的参数绘图，最后很可能举步维艰。

符号表操作函数 TBLSEARCH、TBLNEXT 等可以操作的符号表还有不少，如 DIMSTYLE（标注样式管理器）、LTYPE（线型管理器）、STYLE（文字样式管理器）、VIEW（视图管理器）等，操作方法与对“图层管理器”的类似。

8．修改一条直线的端点到指定点（任意输入点）

```
(defun c:zsub( / c ss entline pt1)
        (princ "please select a line")
        (setq ss (ssget));以屏选方式构建选择集
        (while (or (/= (cdr (assoc 0 (entget (ssname ss 0)))) "LINE")
                        (/= (sslength ss) 1)
                );end or-所选对象不是 LINE，或选中的对象数不是 1，就执行循环体
                (princ "please select a line")
                (setq ss (ssget))
        );end while
        (setq pt1 (getpoint "任意输入一个点:"))
        (if (= (length pt1) 2)
             (append pt1 (list 0.0))
        );end if
        (setq pt2 (getpoint "捕捉一个你想修改的端点:"));;;算法一
        (setq entline (entget (ssname ss 0)))
```

```
        (if (equal pt2 (cdr (assoc 10 entline)))
            (progn
                  (setq c (cons 10 pt1))
                  (setq entline (subst c (assoc 10 entline) entline));
            );end progn-想修改起点
           (progn
                  (setq c (cons 11 pt1))
                  (setq entline (subst c (assoc 11 entline) entline));
            );end progn-想修改终点
        );end if
        (entmod entline);将实体数据的修改更新到 AutoCAD 的图形数据库
        (princ)
);end defun zsub
```

题干“修改直线的端点”可以理解为：

①“直线的端点”本身就是确定的数据，即本例中通过 getpoint 函数输入的 pt2（捕捉到端点），此为“算法一”。

②“直线的端点”不是确定数据，可以是起点（组码 10），也可以是终点（组码 11），需要根据“指定点”来判断。比较容易实现这个判断的算法有两种：其一是根据函数 entsel 的点选点坐标离直线的端点距离判断，此为“算法二”；其二是根据直线端点到指定点的较短距离判断，此为“算法三”。这两种算法都需要计算两点之间的距离，恰好内部函数 distance 可以计算两点之间的距离，调用格式如下：

(distance *pt1 pt2*)

表中 pt1、pt2 为两点坐标，其中若有一点为二维点，则另一点的 *z* 坐标也被忽略。

“算法二”的程序（去掉了数据检测）：

```
(defun c:chendp(/ pt gcode enlst ent)
        (while (not (setq enlst (entsel "select a line")));没选对象就循环提示
        );end while
        (setq   pt   (getpoint   "\n 修改后的端点:")
                ent (entget (car enlst));获取所选对象的属性数据-联接表
        );end setq
        (if   (> (distance (cdr (assoc 11 ent)) (cadr enlst));终点距离点选点
                 (distance (cdr (assoc 10 ent)) (cadr enlst));起点距离点选点
              );end >
              (setq gcode 10);if-true:输入点离起点更近
              (setq gcode 11);if-nil:  输入点离终点更近
        );end if
        (setq ent (subst (cons gcode pt)
                         (assoc gcode ent)
                         ent
```

```
                        );end subst
            );end setq
            (entmod ent)
            (princ)
    );end defun
```

“算法三”与“算法二”的区别是用于计算与直线端点距离的点是指定点，而非点选点。因此，将“算法二”程序里的(cadr enlst)替换成 pt 后，便得到了“算法三”的程序。

四、实验结果

1．列出并比较各种表提取方法的结果。

2．列出并比较各种表构造方法的结果。

3．列出表替换、表检索的结果。

4．描述 ZSUB 函数的运算过程和结果。

五、实验小结

分析实验的准备和实施过程中出现的情况，对照实验结果，写出实验结论。

实验十　AutoLISP 计算思维

一、实验目的

1．熟悉分支结构和顺序结构控制方法；
2．熟悉循环结构控制方法和递归思维方法；
3．熟悉 Visual LISP IDE 的使用。

二、实验要求

1．掌握使用 AutoLISP 基本计算思维辅助 AutoCAD 智能计算；
2．掌握 AutoLISP 的基本结构控制函数的使用方法；
3．掌握在 Visual LISP IDE 中调试程序的方法。

三、实验内容

1．在 Visual LISP IDE 中调试程序

①运行 AutoCAD 软件，在命令窗口输入 VLIDE（或 VLISP），打开 Visual LISP IDE，单击“文件”，选择“新建文件”，打开一个.lsp 文件窗口，在其中输入代码；或者在菜单中选择“工具”→“Visual LISP 编辑器”，打开 Visual LISP IDE，单击“文件”→“新建文件”，打开一个.lsp 文件窗口，在其中输入代码。

②选中 Visual LISP IDE 的 LSP 文件窗口，将光标移动到要暂停的语句（标准表）行首，按下 F9（或）插入断点，再单击（左侧按钮为程序文件加载，右侧为选定代码加载）加载程序，之后在“控制台”用标准表的调用方式启动程序，运行至断点处自动暂停。

③单击打开“添加监视”对话框（图 10-1），在其中可以输入要查看的变量名或要测试的标准表。

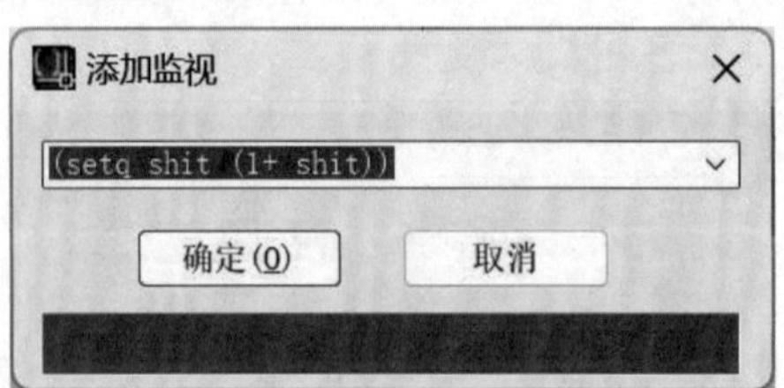

图 10-1 “添加监视”对话框

④单击按钮组中的左侧按钮，可以让程序继续执行下一个嵌套表达式（一个标准表），中间按钮是执行下一个表达式（一个语句行），右侧按钮是跳出程序（执行完整个程序）。

⑤单击按钮组的左侧按钮，从断点处继续执行完程序，中间按钮则是中断循环退出，右侧按钮是中断循环重置。

2．分支结构

（1）二分支结构控制（if）

调用格式：(if <测试表达式> (则-表达式) [否-表达式])

函数 if 实现二分支操作，也就是说，如果<测试表达式>运算结果为真（T），就执行(则-表达式)；否则，也就是运算结果为假（nil）时执行[否-表达式]，这个表达式可以空缺，即为假时什么也不做就结束 if，程序继续往下运行。

```
(defun c:zhqif(/ n)
        (setq n (getint "输入一个整数："))
        (if (> n 0)
             (princ "\nn 大于 0")         ;条件成立时执行
             (princ "\nn 小于 0")         ;条件不成立时执行
        )
);结束 zhqif 函数定义
```

（2）多分支结构控制（cond）

调用格式：(cond [(测试表达式结果) ...])

函数 cond 实现多分支操作，即分别判断多种条件，执行对应的操作。

```
(defun zcond(zreal)
        (cond ((< zreal 60.0) "bad")
                ((< zreal 70.0) "so-so")
                ((< zreal 80.0) "not bad")
                ((< zreal 90.0) "good")
                (t                    "OK");90-100
        );end cond
);end defun zcond
; (ZCOND 91);"OK"
```

3．顺序结构控制（progn）

调用格式：(progn [表达式]...)

顺序结构是按照解决问题的顺序写出相应的语句，自上而下依次执行的程序结构，它是最简单、最常用的程序结构。可以说，绝大部分程序从整体上都可以看作顺序结构，只不过某些部分要重复执行（循环结构），某些部分需要根据条件测试确定程序走向（分支结构）。还有一种情况，例如，if 函数两个分支中的某个分支所允许的标准表非常有限（如只允许一个标准表），而这个分支的功能需要多行代码才能完成，这时我们就需要将多行代码组织成一个标准表，这就是 AutoLISP 的顺序结构。

```
(defun c:zhqprogn(/ pt1 pt2);;;函数名前面加 c:表明该函数可以当成命令在命令窗口执行
   (setq pt1 (getpoint "\nEnter the start point for the line: "))   ;;;第一点
   (setq pt2 (getpoint "\nEnter the end point for the line: "))    ;;;第二点
   ;开始绘图
```

```
    (if (and pt1 pt2)
        (progn
            (command "erase" "all" "")                          ;;;删除屏幕上的对象
            (command "limits" '(0 0) '(420 297) "")             ;;;设置图限
            (command "zoom" "a" "")                             ;;;使图限设置有效
            (command "line" pt1 pt2 "")                         ;;;画线
            (command "text" '(50 100) 50 0   "hello" "");;;在点(50 100)处输出"hello"
        );结束第一个顺序结构
        (progn
            (command "erase" "all" "")
            (command "text" '(50 100) 50 0   "error!" "")
        );结束第二个顺序结构
    );结束选择结构
);结束 zhqprogn 函数定义
```

4．循环结构控制

（1）while 循环：由逻辑运算状态控制的循环

调用格式：(while <检测表达式> [循环体...])

每运算一次检测表达式，结果为真（t）则执行一遍循环体表达式，而后进入下一次检测表达式的运算，直到结果为假（nil）才退出循环。

```
(defun c:zhqwhile(/ i)
        (setq i (getint "\n 输入一个自然数"))
        (while (> i 0)       ;;;循环条件
            (print i)          ;;;循环体
            (setq i (1-   i)) ;;;循环体
        );循环结束
);结束 zhqwhile 函数定义
```

（2）foreach 循环：引用表控制的循环

调用格式：(foreach 变量 引用表 [循环体])

函数 foreach 每次从引用表提取一个顶层元素赋给变量，然后执行一次循环体。

(foreach n '(a b c) (print n)) ;结果相当于((print a) (print b) (print c))

（3）repeat 循环：固定次数的循环

调用格式：(repeat <整数表达式> [循环体])

函数 repeat 将[循环体]运行由<整数表达式>决定的次数。

```
(defun c:zhqrepeat(/ i)
        (setq i 0)
        (repeat 5
            (print (setq i (+ 1 i)))               ;循环体
            (princ)                                ;循环体
        );循环结束
```

```
);结束 zhqrepeat 函数定义
```

（4）mapcar 循环：引用表控制的循环，类似 foreach

调用格式：(mapcar <函数> <表 1> <表 2>…<表 n>)

mapcar 每次把<表 1> <表 2>…<表 n>中的对应位置上的元素作为<函数>的参数求值，并把求值结果按对应位置构造成表返回。

```
(defun zmapcar(fre_lst velo_lst / fre velo)
        (mapcar '(lambda(fre velo) (/ fre velo 1.0))
              fre_lst
              velo_lst
        );end mapcar
);end defun
;(zmapcar '(10 20 30 40) '(8 10 15 18));(1.25 2.0 2.0 2.22222)
```

5．递归思维：设计阶乘计算函数

递归是 AutoLISP 程序的基本控制算法，也是 AutoLISP 求值器对程序求值过程的基本控制方法。阶乘计算也可以看作一种递归运算控制方法，即利用自定义函数调用自身来实现递归。例如，计算 3!，函数要先计算出 2!，再计算 3×2!；依此类推，直到计算出 0!时返回 1；之后依次计算 1×2×3 而得出结果。

```
(defun njc (n)
     (if (zerop n) ;;T if number evaluates to zero; otherwise nil.
          1
          (*   (progn
                         (setq n (1-    n)) ;;;计算出下一个乘数 n 用来调用(njc n)
                         (1+    n)          ;;;返回当前乘数
                 );end progn
                 (njc n)
          );end *
     );end if
);end defun
;;(NJC 0)        ;1
;;(NJC 1)        ;1
;;(NJC 4)        ;24
;;(NJC 16)       ;2004189184
;;(NJC 17)       ;-288522240;;;出现负值的原因，可以参考实验七中的实例 1 去分析
```

四、实验结果

1．监视程序运行过程中变量的变化。

2．描述分支结构示例程序的功能。

3．描述顺序结构示例程序的功能。

4．描述循环结构示例程序的功能。

5．描述递归算法示例程序的功能。

五、实验小结

分析实验的准备和实施过程中出现的情况，对照实验结果，写出实验结论。

实验十一　AutoCAD 绘图环境设置

一、实验目的

1．熟悉 AutoLISP 基本计算思维；
2．熟悉 AutoCAD 交互式设置绘图环境的方法；
3．熟悉参数化设置 AutoCAD 绘图环境的方法。

二、实验要求

1．学习应用 AutoLISP 计算思维；
2．学习使用 AutoCAD 界面设置命令和系统变量；
3．学习环境工程制图基本规格及其在 AutoCAD 绘图中的应用方法。

三、实验内容

1．利用配置文件设置绘图环境

在绘制环境工程专业图纸的过程中，经常碰到需要在机械制图规格和建筑制图规格之间转换的情况，每次转换都需要重新设置制图规格方面的参数，例如，标注规格、线宽和线型等，交互式设置过程是比较麻烦的。AutoCAD 提供了一种配置文件操作法（导出和导入配置文件），其优点是使用起来比较方便和快捷，缺点是配置文件没有完全收录所有系统变量存储的数据。因此，通过程序设置绘图环境就非常有必要了。

2．通过命令设置界面和绘图环境

仅以“选项”“草图设置”对话框和标注样式管理器中的部分设置为例。

1）“选项”对话框（OPTIONS）

设置“自动保存文件位置”和“自动保存时间间隔”，分别在“文件”页和“打开和保存”页。

2）“草图设置”对话框（OSNAP）

设置“草图设置”对话框的“对象捕捉”页，勾选相应的捕捉模式（例如，端点、圆心和中点），然后在命令窗口输入系统变量 OSMODE 查看其值。

3）“标注样式管理器”对话框（DIMSTYLE）

在“标注样式管理器”的“修改”项打开的“替代样式”对话框的“线”“符号和箭头”“文字”“主单位”页，设置“尺寸界线起点偏移量”“箭头”“文字高度”“比例因子”分别为 1.25、“建筑标记”、5 和 100。

3．通过系统变量设置界面和绘图环境

SAVETIME：设置自动保存时间间隔（分钟）。

SAVEFILEPATH：设置自动保存文件的路径，默认为"C:\\Users\\zhu\\appdata\\local\\temp\\"。

OSMODE：设置执行对象捕捉，要指定多个执行对象捕捉，请输入各值之和（具体参见表 11-1）。

表 11-1 捕捉参数值和系统变量 OSMODE

值	说明	值	说明
0	无	128	PER（垂足）
1	END（端点）	256	TAN（切点）
2	MID（中点）	512	NEA（最近点）
4	CEN（圆心）	1024	几何中心
8	NOD（节点）	2048	APP（外观交点）
16	QUA（象限点）	4096	EXT（延伸）
32	INT（交点）	8192	PAR（平行）
64	INS（插入点）	16384	禁用当前的执行对象捕捉

DIMEXO：设置尺寸界线起点偏移量，即尺寸界线起点离轮廓标注点的距离，默认为 0.625。

DIMTXT：设置标注数字的字高，默认 2.5。

DIMLFAC：设置测试单位比例因子，即比例尺。

DIMSAH：控制尺寸起止符箭头块的显示。整型，0 表示关闭，尺寸起止符由 DIMBLK 值确定；1 表示打开，由 DIMBLK1 和 DIMBLK2 设置的箭头块确定。

DIMBLK：设置尺寸起止符，字符串型，初始值为""，要恢复默认设置（实心闭合箭头显示），请输入单个句点 (.)，其他设置见表 11-2。

表 11-2 尺寸起止符样式

值	说明	值	说明
""	实心闭合	"_SMALL"	空心小点
"_DOT"	点	"_NONE"	无
"_DOTSMALL"	小点	"_OBLIQUE"	倾斜
"_DOTBLANK"	空心点	"_BOXFILLED"	实心框
"_ORIGIN"	原点标记	"_BOXBLANK"	方框
"_ORIGIN2"	原点标记 2	"_CLOSEDBLANK"	空心闭合
"_OPEN"	打开	"_DATUMFILLED"	实心基准三角形
"_OPEN90"	直角	"_DATUMBLANK"	基准三角形
"_OPEN30"	30°角	"_INTEGRAL"	完整标记
"_CLOSED"	闭合	"_ARCHTICK"	建筑标记

TEXTSIZE：设置文字高度，默认 2.5。

VIEWCTR：存储当前视口中视图的中心。参数绘制三视图时，可作为合理分配三视图的参考点。

4．参数化设置绘图环境

设置绘图环境（用 SETVAR 函数）前保存原设置（用 GETVAR 函数），参数绘图结束后回送原设置。这里我们假定有专门的子程序，负责把用户在界面（如对话框）上选定的参数和对应的系统变量作成引用表 u_lst 和 p_lst。我们将设置函数命名为 zsetev，通过两个形参接收到 u_lst 和 p_lst 后，先对它们的合法性（数据规格）进行检验，如果是非法数据（例如，空表意味着用户没有设置，引用表 u_lst 和 p_lst 的长度不一致，说明用户设置的参数与系统变量没有对应起来）则返回 nil，否则返回系统原先的设置，以便回送函数在参数绘图完成后可以取回系统原先的设置。

（1）程序描述

```
函数定义：参数列表（数据输入：用户数据列表 u_lst、系统变量列表 p_lst）
          数据检测：用户数据列表、系统变量列表
                  检测失败：给出提示后退出程序
                  检测通过：确定循环方式
                            循环体：保存原设置
                                    设置绘图环境
                            返回原设置
函数结束。
```

（2）设置程序

```
(defun zsetev(u_lst p_lst / s_lst uv pv)
      (if (and   (listp u_lst) (listp p_lst)               ;;;确定是引用表
                 (not (or (null u_lst)(null p_lst)))       ;;;确保传入的引用表不能为 nil
                 (= (length u_lst) (length p_lst))         ;;;确保引用表数据维度一致
          );end and-condition
          (progn
              (foreach pv p_lst (setq s_lst (cons (cons pv (getvar pv)) s_lst)));;保存原设置
              (mapcar '(lambda(pv uv) (setvar pv uv)) p_lst u_lst)         ;;设置绘图环境
              s_lst ;;返回保存的原有设置
          );end progn ;;;if-true,传入无误数据则设置绘图环境并保存原有设置
          nil            ;;;if-false,数据有误则返回 nil
      );end if
);end defun
;;;(zsetev '((594 420) (0.0 0.0) 5.0 100.0 0) '("limmax" "limmin" "dimtxt" "dimlfac" "osmode"))
;;;(("osmode" .0) ("dimlfac"  .  100.0) ("dimtxt" .5.0) ("limmin" 0.0 0.0) ("limmax" 594.0 420.0))
;;;(zsetev '((594 420) (0.0 0.0) 5.0 100.0) '("limmax" "limmin" "dimtxt" "dimlfac" "osmode"));;;nil
;;;(zsetev '() '("limmax" "limmin" "dimtxt" "dimlfac" "osmode"));;;nil
;;调用本程序的时候，用一个变量保存调用结果
;;调用结果为 nil 说明绘图环境设置不成功，否则成功
```

这个程序的主体就是一个以 if 函数为第一个顶层元素的标准表，它的测试条件就是 and 函数对 4 个参数的逻辑与操作，测试条件为真（数据为长度相同的两个非空引用表），则执

行由 progn 函数引导的顺序代码块，否则返回 nil。顺序代码块用一个单独行将保存系统原设置的变量 s_lst 列出，就是利用它的作为函数的返回值，因为 AutoLISP 程序的返回值就是最后一个标准表的求值结果。

（3）取回程序

取回系统原来的绘图环境设置的程序如下：

```
(defun zrestor(s_lst / pv)
        ;设置绘图环境
        (if (listp s_lst);;数据检测
                (foreach pv s_lst (setvar (car pv) (cdr pv)));if-true
                nil    ;if-false
        );end if
);end defun
```

事实上，数据检测部分放在取回程序内部起不到什么作用，因为 AutoLISP 求值器会在传入实参的时候自动检测，一旦检测到实参有错误，程序调用中断并返回出错信息。应该把它放到取回程序的外面，也就是在调用取回程序之前进行数据的合法性检测，以确定调用或处理错误。

值得考虑的是，程序在取回系统原来的绘图环境设置之后，应该给调用模块返回什么信息。这个程序采用 foreach 循环实现系统原来的绘图环境设置，foreach 函数的返回值是最后一个系统变量的设置结果，这个结果就是程序取回成功的返回值，不成功则返回 nil（也就是 if 函数的[否-表达式]）。事实上，这是一厢情愿的程序设计，如果 AutoCAD 标注样式管理器中原尺寸起止符是默认设置的话，取回程序第一次启动就会出错，而且根本不是预想的取回不成功返回 nil 这个错误，而是从 foreach 循环体中断，如图 11-1 所示。

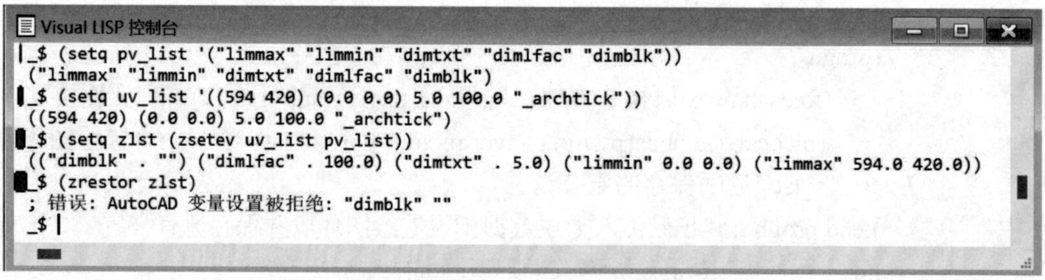

```
Visual LISP 控制台
_$ (setq pv_list '("limmax" "limmin" "dimtxt" "dimlfac" "dimblk"))
("limmax" "limmin" "dimtxt" "dimlfac" "dimblk")
_$ (setq uv_list '((594 420) (0.0 0.0) 5.0 100.0 "_archtick"))
((594 420) (0.0 0.0) 5.0 100.0 "_archtick")
_$ (setq zlst (zsetev uv_list pv_list))
(("dimblk" . "") ("dimlfac" . 100.0) ("dimtxt" . 5.0) ("limmin" 0.0 0.0) ("limmax" 594.0 420.0))
_$ (zrestor zlst)
; 错误: AutoCAD 变量设置被拒绝: "dimblk" ""
_$
```

图 11-1　系统变量 dimblk 的默认值

AutoCAD 默认起止符是箭头块，相应地，保存尺寸起止符的系统变量 dimblk 的默认值是""，但如果要用 setvar 函数给 dimblk 设置为默认值时，第二个参数不可以是""，而应该是"."。如下：

```
(setvar "dimblk" ".");设置尺寸起止符为箭头
```

5．综合实例

AutoLISP 是纯函数式语言，要熟练掌握函数的调用方法。前面已经建立了设置和取回两个函数，下面提供一个综合实例程序，演示绘图环境的设置和取回，以及函数调用方法。通过对这个实例的模拟或直接修改，可以比较方便地实现绘图环境的参数化设置。

```
;;函数 c:wjx 是个综合应用实例，图 11-2 为其调用过程，绘图模块实现参数绘制五角星
  (defun c:wjx(/ pv_lst uv_lst s_lst p_cen radius p_end1 p_end2 p_end3)
        (setq pv_lst '("limmax" "limmin" "dimtxt" "dimlfac" "osmode"));构造系统变量列表
        (setq uv_lst '((594 420) (0.0 0.0) 5.0 100.0 0));构造系统变量列表的对应数据-数据输入
        ;设置绘图环境
        (if   (setq s_lst (zsetev uv_lst pv_lst));;调用函数 zsetev 设置绘图环境，并返回原设置
            (alert "绘图环境设置成功")                    ;;if-true
            (progn (alert "绘图环境设置不成功") (exit)) ;;if-false
      );end if
      (if   (and   (setq p_cen       (getpoint "\n 输入中心点："))
                   (setq radius      (getint      "\n 输入半径："))
          );end and
          (progn
              (setq p_end1    (polar p_cen (* pi 0.5) radius))
              (setq p_end2    (polar p_cen (* pi 0.7) (* radius 0.45)));0.382)))
              (setq p_end3    (polar p_cen (* pi 0.3) (* radius 0.45)));0.382)))
              (command "color" 1);设置颜色:1-红色,2-黄,3-绿,4-青,5-蓝等
              (command "pline" p_end3 p_end1 p_end2 "")           ;画五角星的一个角
              (setq z_ss (ssget "l"));将最后画的这个角构造成选择集 z_ss
              (command "solid" p_end1 p_end2 p_end3 p_cen    "");填充一个角
              (ssadd (entlast) z_ss) ;将最后填充的这个角加进选择集 z_ss
          (command "array" z_ss "" "p" p_cen 5 360 "y");用 z_ss 响应阵列的对象选择
          (command "color" 7) ;设置颜色为黑白
          (command "zoom" "a" )
     );end progn(if-true),draw a star
     (progn
          (alert "糟糕，数据错误！ ")
          (exit)
     );end progn(if-false),prompt error!
   );end if
   ;;恢复系统设置
   (if (zrestor s_lst);取回系统原设置
         (alert "system variables are restored.");;if-true：恢复成功
         (alert "Failed!");;if-false：恢复不成功
   );;end if
);end defun c:wjx
```

程序前两行构造所要设置绘图环境所对应的系统变量名和与这些系统变量名对应的值，两者都是引用表的格式。这些格式化的数据通常应该由数据接收模块处理好之后，直接以实参的形式传递给设置程序。目前还没有介绍界面控制技术，以直接赋值的方式将数

据加入程序行是最简单的；也可以先将程序的前两行剪到“控制台”运行，把两个引用表赋给两个全局变量，再在 c:wjx 的函数定义中增加两个形参，然后在“控制台”调用本程序时以赋值的全局变量做实参传给 c:wjx，或者直接将两个引用表传给函数，如图 11-2 所示。

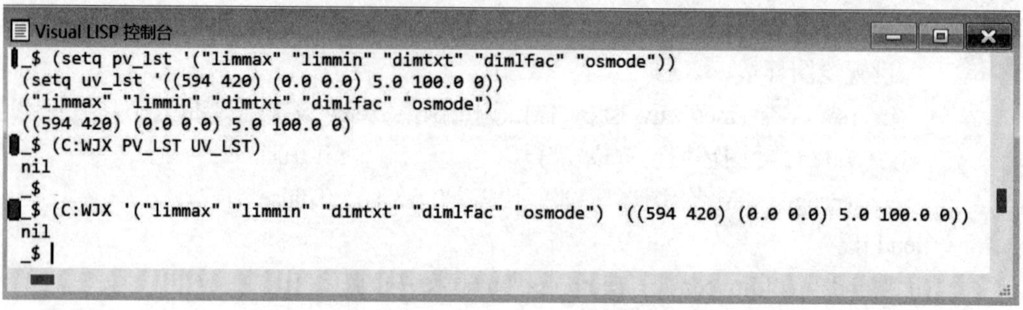

```
Visual LISP 控制台
_$ (setq pv_lst '("limmax" "limmin" "dimtxt" "dimlfac" "osmode"))
(setq uv_lst '((594 420) (0.0 0.0) 5.0 100.0 0))
("limmax" "limmin" "dimtxt" "dimlfac" "osmode")
((594 420) (0.0 0.0) 5.0 100.0 0)
_$ (C:WJX PV_LST UV_LST)
nil
_$
_$ (C:WJX '("limmax" "limmin" "dimtxt" "dimlfac" "osmode") '((594 420) (0.0 0.0) 5.0 100.0 0))
nil
_$
```

图 11-2　函数 c:wjx 的调用结果

绘制这个五角星的算法思想跟实验二中的阵列法是一致的，只是绘图方式完全不同（参数绘图代替了交互式绘图），绘图效率得以极大提升。程序里的对象选择需要用到选择集操作技术，即把五角星的一个角画好或填充好颜色后，需要用选择集操作技术把它们构造成（或加入）选择集，然后用这个选择集来响应阵列命令的对象选择操作。

四、实验结果

1．描述配置文件法设置绘图环境。

2．描述命令（含系统变量）交互法设置绘图环境。

3．用自然语言描述综合实例实现参数化自动设置绘图环境的过程。

五、实验小结

分析实验的准备和实施过程中出现的情况，对照实验结果，写出实验结论。

实验十二　AutoCAD 参数绘图之 COMMAND 函数调用

一、实验目的

1．熟悉 COMMAND 函数调用绘图命令的方法；

2．熟悉 COMMAND 函数调用编辑命令的方法；

3．熟悉 AutoCAD 参数绘图的过程。

二、实验要求

1．学习在“Visual LISP 控制台”上调用绘图命令的绘图方法；

2．学习在“Visual LISP 控制台”上调用编辑命令的图形编辑方法；

3．学习利用 AutoLISP 程序实现参数绘图。

三、实验内容

AutoLISP 绘图函数 COMMAND 和 VL-CMDF 均可以调用 AutoCAD 绘图和编辑命令，实现参数绘图。这两个函数调用命令的方法和参数输入顺序基本相同，区别在于它们的返回值。COMMAND 函数无论执行成功与否均返回 nil，仅在函数取消的情况下会给出错误提示。VL-CMDF 在对参数检测通过后会返回 T，否则返回 nil 或给出相应提示。下面以 COMMAND 函数为例介绍它对 AutoCAD 绘图和编辑命令的调用方法。

1．二维对象的绘制

（1）画直线（LINE）

(command "line"'(50 50)'(100 100))；画通过点(50,50)和点(100,100)的直线且仍处于画线状态，此时若敲入(command)即可退出画线状态，或者如下输入：

(command '(200 200) "")；画通过点(100,100)和点(200,200)的直线且退出画线状态。"" 中间无任何字符，相当于输入空格键或回车键以结束命令。

(command "line"'(50 50) '(100 100) "")；画通过点(50,50)和点(100,100)的直线，画完即退出画线状态。

（2）画双向构造线（xline）

(command "xline""h"'(50 50) "")；过点（50,50）画水平双向构造线。

(command "xline""v"'(100 100)　"")；过点（100,100）画竖直双向构造线。

(command "xline" "a" 45'(100 100) "")；过点（100,100）画倾斜 45° 双向构造线。

（3）画单向构造线（ray）

(command "ray"'(20 20) '(100 100));过点(20,20)和点(100,100)画单向构造线。

(command "ray"'(20 20) '(100 50) "");过点(20,20)和点(100,50)画单向构造线。

（4）画圆 circle

(command "circle" (100 100)　20　"")；画圆心为（100,100）半径为 20 的圆。

（5）绘圆弧 Arc

(command "arc""ce"' (100 100) '(200 200) "a" 90)；画圆心为（100,100）起点为（200,200）包含角为 90° 的圆弧。

(command "arc"'(200 200) "ce"'(100 100) "a" 90)；画圆心为（100,100）起点为（200,200）包含角为 90° 的圆弧。

(command　"arc"　"ce"　'(100　100)　'(200　200)　"L"　-200);画圆心为（100,100）起点为（200,200）弦长为 200 的优弧。

（6）画椭圆（ellipse）

(command "ellipse" '(100 100) '(200 100)　40)；画以点(100,100)和点(200,100)为长轴端点、40 为另半轴长的椭圆。

(command　"ellipse""c"'(200　100)　'(100　100)　50);画中心为 (200,100)、一长轴端点为 (100，100)、另一半轴长为 50 的椭圆。

(command "ellipse"'(100 100) '(200 100) 40 "r" 45)；画以点(100,100)和点(200,100)为长轴端点、45° 旋转角的椭圆。

（7）画椭圆弧（ellipse）

(command "ellipse" "a""c"'(200 100) '(100 100) 50 45 180)；画中心为 (200,100)、一半长轴端点为 (100,100)、另一半轴长为 50、起始角为 45°、终止角为 180° 的椭圆弧。

（8）画样条线（spline）

(command "spline"'(100 100) '(125 150) '(150 50) '(175 100) "" "" "")

;画通过上述点(拟合点)的样条线,起点和终点的切点方向为默认。

2．基本编辑命令

（1）图层操作

(COMMAND "LAYER" "M" 11 "C" 1　11 "");M：表示设置新当前层，11 表示图层名，C 表示选颜色，1 表示颜色号，11 表示该颜色所赋图层，""表示结束该命令。

(COMMAND "LAYER" "N" 22　"LW" 1　22 "");N：表示设置新层，22 表示图层名，LW 表示选线宽，1 表示线宽为 1 mm，22 表示该线宽所赋图层，""表示结束该命令。

通常会在建立图层之前检测该图层是否存在，不存在再新建，否则容易因建立同名图层而导致程序出错。下面的表首先检测图层"zhqxl"是否存在；不存在则新建，并设置颜色为红，线型为点划线；存在则不执行任何操作：

```
(if (null (tblsearch "layer" "zhqxl"))
   (command "layer" "n" "zhqxl" "c" 1 "zhqxl" "l" "ACAD_ISO04W100" "zhqxl" "")
);END IF
```

（2）设置实体颜色

(COMMAND "COLOR" 2 "");设置新实体颜色，2 表示颜色号，""表示结束该命令。

（3）旋转

(COMMAND "ROTATE"　"W"　P1　P2　""　P3　45);旋转由角点 P1 和 P2 形成的窗口中的图形，P3 表示旋转基点，45 为旋转的角度，""表示结束选择目标。

（4）删除图形

(COMMAND "ERASE" '(50 50) '(100 100) "W" '(100 100) '(200 200) "");删除通过点(50 50)和(100 100)的直线或弧及由角点(100 100)和(200 200)形成的窗口中的图形，""表示结束该命令。

（5）拷贝

(COMMAND "COPY"　P_1　""　P_2　P_3);拷贝点 P1 所在目标，第一个""表示结束选择，P2 是基点，P3 是拷贝到点，""表示结束该命令。

（6）填充多边形

(COMMAND "SOLID" P_1　P_2　P_3　P_4 "");用当前颜色填充由 P1、P2、P3、P4 连成的四边形，""表示结束该命令。

选点顺序会影响实体填充的效果，如图 12-1（a）和图 12-1（b）所示。

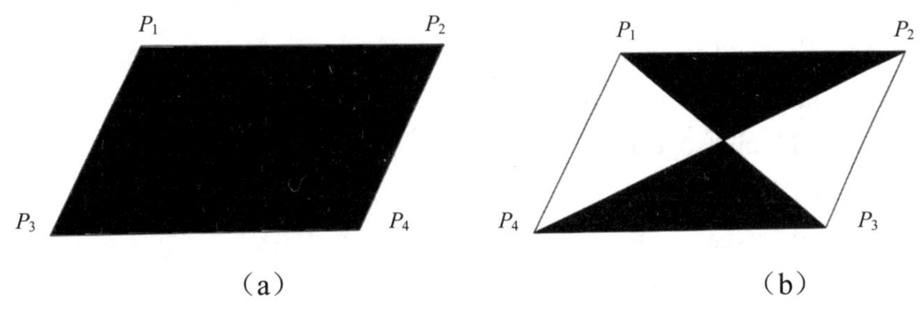

图 12-1　选点顺序影响实体填充效果

（7）制作幻灯片

(COMMAND "MSLIDE" "D:\\SHIT\\ZCAR.SLD" "")；创建当前模型视口或当前布局的幻灯片文件。

（8）浏览幻灯片

(COMMAND "VSLIDE" "D:\\SHIT\\ZCAR.SLD")；在当前视口中显示图像幻灯片文件。

3．用 VL-CMDF 函数替代 COMMAND 函数

将上述内容重做一遍，并比较二者的异同。

4．写一个五角星绘制函数

要求可以指定中心点和长径。

算法一：依次计算出每个角的两个点，之后调用 line 依次连接 10 个顶点；最后选用红色实体填充 5 个角。

```
(defun wjx( / p_cen radius p_end1 p_end2 p_end3 p_end4 p_end5
                    p_end6 p_end7 p_end8 p_end9 p_end10)
    (setq p_cen     (getpoint "\n 输入中心点："))
    (setq radius    (getint    "\n 输入半径："));;
    ;计算 10 个顶点，奇数代表长径顶点，偶数代表短径顶点
    (setq p_end1    (polar p_cen (* pi 0.5) radius))
    (setq p_end3    (polar p_cen (* pi 0.9) radius))
    (setq p_end5    (polar p_cen (* pi 1.3) radius))
```

```
    (setq p_end7    (polar p_cen (* pi 1.7) radius))
    (setq p_end9    (polar p_cen (* pi 0.1) radius))
    (setq p_end2    (polar p_cen (* pi 0.7) (* radius 0.382)))
    (setq p_end4    (polar p_cen (* pi 1.1) (* radius 0.382)))
    (setq p_end6    (polar p_cen (* pi 1.5) (* radius 0.382)))
    (setq p_end8    (polar p_cen (* pi 1.9) (* radius 0.382)))
    (setq p_end10   (polar p_cen (* pi 0.3) (* radius 0.382)))
    (command "color" 1);1-红,2-黄,3-绿,4-青,5-蓝,6-品红,7-白色,8-褐色,9=灰色
    (command "line" p_end1 p_end2 p_end3 p_end4 p_end5
                p_end6 p_end7 p_end8 p_end9 p_end10 p_end1 "");画五角星
    (command "solid" p_end1 p_end2 p_end10 p_cen    "")
    (command "solid" p_end2 p_end3 p_cen    p_end4  "")
    (command "solid" p_end4 p_end5 p_cen    p_end6  "")
    (command "solid" p_end6 p_end7 p_cen    p_end8  "")
    (command "solid" p_end8 p_end9 p_cen    p_end10 "")
    (command "color" 7)
    (command "zoom" "a")
);end wjx
```

用其他算法，重写程序实现五角星绘制。

四、实验结果

1．列出二维对象的参数绘制结果。
2．列出基本编辑方法。
3．描述五角星的参数绘制过程及结果。
4．参考“附录二”，描述其他常用二维对象绘制与编辑命令的调用过程。

五、实验小结

分析实验的准备和实施过程中出现的情况，对照实验结果，写出实验结论。

实验十三　选择集辅助 AutoCAD 参数绘图

一、实验目的

1．熟悉选择集概念，掌握选择集基本操作技术；
2．熟悉图形数据库概念，掌握图形数据库基本操作技术；
3．掌握利用选择集辅助 AutoCAD 参数绘图。

二、实验要求

1．学习选择集的构造、测量、检索、增加、移出等操作；
2．学习图形数据库操作（数据获取、实体选择等）；
3．通过操纵选择集和图形数据库辅助 AutoCAD 参数绘图。

三、实验内容

1．选择集

（1）实体（Enitity）和实体类型名

一个图形总是由若干基础图素（如圆、圆弧、直线等）所组成，实体就是 AutoCAD 预先定义的图素，由 AutoCAD 有关命令把它置于图中。AutoCAD 基本二维对象的实体类型名及其绘制命令参见表 13-1。

表 13-1　AutoCAD 基本二维对象的实体类型名及其绘制命令

实体类型名	意义	生成实体的命令	实体类型名	意义	生成实体的命令
POINT	点	POINT	CIRCLE	圆	CIRCLE
LINE	直线	LINE	ARC	圆弧	ARC
XLINE	双向构造线	XLINE	ELLIPSE	椭圆/弧	ELLIPSE
MLINE	多线	MLINE	SOLID	实体	SOLID
LWPOLYLINE	多义线	PLINE,RECTANGLE POLYGON	TEXT	单行文本	TEXT
SPLINE	样条线	SPLINE	MTEXT	多行文本	MTEXT

（2）实体名（Enitity name）

实体名不是实体的名称（实体的名称是实体类型名），实际上它只是一个指针（Pointer），指向由 AutoCAD 图形编辑程序所维持的文件。通过这个指针，可以找到该实体在图形数据库中的记录及其在屏幕上的向量。AutoLISP 以下面的格式提供实体名：

<Entity name：实体名编码>

（3）选择集（selection sets）

选择集是实体的有序集合，它是利用选择集构造函数，通过一定方式，从图中或图形数据库中选定一个或多个实体构成的。AutoLISP 以下面的格式提供选择集：

<selection sets：n>

其中 n 是选择集的编号，第一个建立的选择集编号为 1，以后依次为 2、3、4 等。

2．选择集操作

（1）选择集构造（SSGET）

SSGET 选择集函数有两种操作方式：

1）直接从图形屏幕上选定

这种方式与选定 AutoCAD 命令的对象选择方法相似。

调用格式：（ssget [<方式>][<点 1>][<点 2>]）

其中，可选项<方式>是一个字符串参数，它指定了实体选取的方式，如“w”“c”“l”和“P”，分别对应 AutoCAD 的“windows”“crossing”“last”及“previous”的对象选择方式。可选项<点 1>和<点 2>参数是两个以引用表方式提供的点，它们与选择方式有关。若所有参数均省略了，这时可通过 AutoCAD 的“select objects:”机制来选择实体，即用户可以交互方式构造选择集。

功用及求值结果：

采用这种方式调用 ssget 函数，可以从屏幕上直接选择实体构成选择集，并有以下几种情况：

(ssget)请求用户用交互方式选择实体，其操作和选定 AutoCAD 的 select objects:相同。

(ssget "p");选择前一次已选择过的实体

(ssget "L");选择最新加入数据库的实体，即最后绘制的图素

(ssget '(2 2));选择通过点 (2　2)的实体

(ssget　"w" '(0 0) '(5 5));选择在窗口 (0　0) 到 (5　5) 以内的实体

(ssget　"c" '(0 0) '(1 1));选择交叉通过点(0　0)到(1　1)的框中的实体

若选中了实体，ssget 函数返回（selection set:n），其中 n 是选择集的编号；若没有选中实体，ssget 返回 nil。

2）SSGET 过滤器

调用格式：(ssget "X" [<过滤表>]）

可选项<过滤表>是一个联接表，它与函数 entget 返回的实体数据的格式相同。实体属性的常用组码参见表 13-2。

功用及求值结果：

ssget 的“过滤器”调用方式的功能与前面介绍的不同，它不是从图形屏幕上选定实体构成选择集，而是扫描整个图形数据库，将其中所有与<过滤表>所指定属性相匹配的实体选中，构成一个选择集。由于这种方式能把那些与<过滤表>中所指定属性不匹配的实体滤掉，故称为“SSGET 过滤器”。若选中了实体，函数返回<selection set: n>；否则返回 nil。例如：

(ssget　"X" '((0　.　"LINE")))

表 13-2 实体属性的常用组码

组码	意义	组码	意义
-1	图元名。每次打开图形时，图元名都会发生变化，从不保存（固定）	10	主要点，直线或文字图元的起点、圆的圆心，等等
-4	APP：条件运算符（仅配合 ssget 使用）	11～18	其他点（如终点）
0	表示图元类型的字符串（固定）	38	Z 向高度（实型数）
2	引用块（INSERT）的块名	39	如果非零，则为图元的厚度（固定）
6	线型名（固定）	40～48	双精度浮点型（字高、缩放比例等）
7	文字样式名（固定）	62	颜色号（固定，0-随块，256-随层，1～7 为红、黄、绿、青、蓝、紫、黑）
8	图层名（固定）		

返回由当前图形数据库中所有直线实体构成的选择集<selection set: n>,若构成的是第一个选择集，则 n 为 1。例如：

```
(ssget "X" '((8 . "CF")))
```

返回由当前图形数据库中所有在“CF”层上的实体构成的选择集<selection set: n>。再如：

```
(ssget "X" '((0 . "LINE")(8 . "CF")(62 . 2)))
```

这样写代码的本意是要扫描整个图形数据库，返回所有由“CF”层、黄色直线构成的选择集<selection set: n>。事实上，就算用 entget 函数也不一定查得出所有图形对象的颜色属性（如颜色为 BYLAYER 的实体）。例如，最后绘制了一条从点(0 0)到点(100 100)、颜色随层（BYLAYER）的 LINE，用标准表(ENTGET (ENTLAST))取得它的实体数据如下：

```
((-1 . <图元名: 1f3f0605470>)(0 ."LINE")(330 .<图元名: 1f3f70aa1f0>)(5 ."28F")
 (100 . "AcDbEntity")(67 .0)(410 ."Model")(8 ."0")(100 ."AcDbLine")
 (10 0.0 0.0 0.0)(11 100.0 100.0 0.0)(210 0.0 0.0 1.0)
)
```

所以，采用“过滤器”筛选实体时，最好先检测一下<过滤表>的属性是否是随层控制。如果是随层属性，则只有用表检索函数 tblsearch 才能检索出来，如检测 0 图层：

```
(tblsearch "layer" "0")
```

返回：((0 . "LAYER") (2 . "0") (70 . 0) (62 . 7) (6 . "Continuous"));7-黑白

一般情况下，ssget 的过滤器对联接表中的每一项都隐含了一个 “相等”测试。如果要特别指明其他关系（如“大于”“小于”等，则需要加上组码“-4”来指定。例如：

```
(ssget "x" '((0 . "circle")(-4 . ">=")(40 20.0)));半径大于等于 20.0 的圆。
```

（2）选择集长度测量（SSLENGTH）

调用格式：(sslength <选择集>)

功用及求值结果：该函数的功能是求出选择集的主实体的数目，返回值为整型数。例如：

```
(setq ss (ssget "L"))
(sslength ss)             ;返回值 1
(sslength (ssget "X" '((8 "3"))));将返回“3”层上所有主实体的数目。
```

注意：使用 SSLENGTH 函数时，选择集不能为 nil，否则程序会出错，所以在调用该函数前一定要测试（选择集）不为 nil。例如：

```
(defun cs( / ss)
    (if  (setq   ss   (ssget   "X"   '((0 . "LINE"))));将直线构造成选择集 ss
        (princ   (strcat "直线实体数目为：" (itoa   (sslength   ss))))
    );end if
);end defun
```

函数 if 的测试条件是一个赋值的表，如果图形数据库中没有直线，函数 ssget 将返回 nil。这样做实际上就是在检测选择集是否为空，由于没有给 if 提供 nil 条件下的操作，如果 ss 为 nil 的话，程序将直接结束 if 函数，这样就不会把一个空选择集送给 SSLEGNTH 函数。

```
(defun   cs(/ ss)
    (while   (not   (setq   ss   (ssget)))) ;end while
    (princ   (strcat "实体数目为："(itoa   (sslength   ss))))
    (prin1)
);end defun
```

函数的第一行用 while 循环完成实体选择和检测，如果没有选择任何实体，函数 not 的运算结果为 T，while 循环继续，否则将退出循环，程序执行 princ 函数，输出实体数目。

（3）实体名检索（SSNAME）

调用格式：(ssname <选择集> <序号>)

功用及求值结果：该函数从<选择集>中检索出第<序号>个元素所代表的实体名。选择集是所选实体的有序组合，选择集中实体的顺序和图形数据库中存放的顺序相同，即最后产生的实体在最前面。选择集中实体的序号开始依次为 0，1，2，3，…，n-1（n 为选择集中实体总数）。

<序号>可以是整数或实数，若为实数，系统会自动截尾后使用。该函数返回值为实体名<entity name: 实体编号>，若<序号>为负值，大于等于 n 则 SSNSME 返回 nil。例如：

(ssname (ssget "l") 0)；返回加入图形数据库中的最后一个实体的实体名

(setq ss (ssget "x" '(8 "3"))))

(ssname ss 3)；若名为“3”的图层上有第四个实体，则返回该实体名；否则返回 nil

（4）向选择集中加入新实体（SSADD）

调用格式：(ssadd [<实体名>][<选择集>])

功用及求值结果：该函数用于将新的实体（实体名）加入已有的选择集中，构成新的选择集并返回该选择集。用 SSADD 函数时根据其参数的多少，SSADD 函数具有以下几个功能：

① (SSADD)

调用不带任何参数的 SSADD 函数时，可以构成一个没有实体的新选择集，即空选择集。其值不为 nil，只是其长度为 0。

② (ssadd (ssname (ssget "L") 0))

当 SSADD 中只有一个参数<实体名>而无（选择集）时，该函数只返回包含最后加入到数据库的实体的选择集。

③ (setq ss1 (ssget '(2 2)))

(ssadd (ssname (ssget "L") 0) ss1)

当两个参数都存在调用 SSADD 时，将把一个新实体的实体名加入已有的选择集 ss1 中以构成一个新选择集 ss1。

注意：把一个实体加入已有的选择集中，构成一个新的选择集时，若选择集以前已经赋给变量 ss1，那么调用 SSADD 后该变量 ss1 也反映了增加实体后构成的新的选择集的内容。例如：

(setq ss1 (ssget '(2 2)))

(sslength ss1) ;返回值 1

(ssadd (ssname (ssget "L") 0) ss1)

(sslength ss1) ;返回值 2

因此，若再写成下式：

(setq ss1 (ssadd (ssname (ssget "L") 0) ss1)) ;是没有必要的。

（5）从选择集中移出实体的（SSDEL）

调用格式：(ssdel <实体名><选择集>)

功用及求值结果：SSDEL 函数的功能与 SSADD 正好相反，它是从已存在的（选择集）中移出（实体）并返回（选择集），若（实体）不在（选择集）中，则返回 nil，例如：

(setq ss2 (ssget "w" '(0 0) '(8 5))) (length ss2); 返回值 3

(ssdel (ssname ss1 0) ss2) (length ss2) ; 返回值 2

（6）测试实体是否在选择集中（SSMEMB）

调用格式:(SSMEMB <实体名><选择集>)

功用及求值结果：该函数的功能是测试（实体名）是否在（选择集）中，如果在（选择集）中，则返回此（实体名），否则返回 nil。

3．图形数据库操作

选择集和实体操作是访问图形数据库的桥梁，如果需要修改图形数据库，还需要调用实体名函数，并利用表处理函数对实体数据（联接表）进行处理。实体名是指向 AutoCAD 图形对象、由编辑程序维持的文件指针，通过它能方便地访问数据库中的实体。

通过选择集构造函数，我们可以从图形数据库中筛选出需要的实体，再通过实体名检索函数 SSNAME 从选择集中检索出所需实体名，而通过实体名获取实体的属性数据，还需要更多的图形数据库操作函数。下面我们介绍一些针对实体名的操作函数，利用这些函数可以访问图形数据库中任何一个实体。

（1）实体名搜索（ENTNEXT）

调用格式：(entnext [<实体名>])

功用及求值结果：该函数的功能是获得图形数据库中紧跟<实体名>之后的第一个没有被删除的实体名。若没有给定参数，调用（ENTNEXT）时，可获得图形数据库中第一个没有被删除的实体名。该函数的返回值为实体名<entity name ：实体名编号>，若没有选中实体，则返回 nil。例如：

(setq ss1 (entnext));返回图形数据库中第一个实体名<entity name ：实体名编号>。

(entnext ss1);返回图形数据库中 ss1 之后的一个实体名<entity name ：实体名编号>。

（2）获得最后一个主实体名（ENTLAST）

调用格式：(entlast)

功用及求值结果：该函数获取图形数据库中最后那个没有删除的实体名。若图形数据库中没有任何实体，则返回 nil。例如：

(setq s1 (entlast)) ;返回图形数据库中最后那个没有删除的主实体名。

(setq s2 (entlast)) ;若 s1 为复杂实体，则返回 s1 的子实体名，否则返回 nil。

ENTLAST 与(ssget "L")的区别：ENTLAST 返回的是图形数据库中最后一个实体名，而(ssget "L")返回的是由图形数据库中最后的实体构成的选择集。如果要提取该选择集中的这个实体名，可调用(ssname (ssget "L") 0)。

参数绘图过程中，ENTLAST 函数常用来获得由 command 函数刚刚加入数据库中的实体名。例如：

(command "pline" '(2 2) '(14 2) '(2 18) "c")

(setq s1 (ssget "L")) ;将最后所绘 pline 构成选择集 s1

(command "mirror" s1 "" '(0 1) '(4 1) "")

(ssadd (entlast) s1) ;将 mirror 实体加入选择集 s1 中

(command "hatch" "u"45 3 "" s1 "");将选择集 s1 作为选择目标绘制剖面线

（3）交互式实体选择（ENTSEL）

调用格式：(entsel [<提示>])

功用及求值结果：该函数提示用户在屏幕上通过点选择方式选择任一实体，返回值为一个联接表，第一个顶层元素为所选的实体名（又叫图元名），第二个是点选择实体的坐标。可选项<提示>是对用户选择实体的提示，例如：

(SETQ ENT (ENTSEL "选择一条直线"))

;返回值(<图元名: 192ebf2e440> (91.1498 89.7018 0.0))

由于这个函数可直接在屏幕上通过点选方式来选择任意实体，用起来比较方便。又由于该函数返回的表包括实体名和点选实体的坐标，所以它不仅可响应 AutoCAD 命令的对象选择，还可以将选择点的坐标提供给 break、trim 和 extend 等命令，如提取上例中的实体名和选点坐标：

(car ent) ;返回<图元名: 192ebf2e440>

(cadr ent) ;返回(91.1498 89.7018 0.0)

（4）获得实体定义数据（ENTGET）

调用格式：(entget <实体名>)

功用及求值结果：该函数的功能是从当前图形数据库中获得<实体名>的实体定义数据。其参数必须是实体名，它是一个指向图形数据库中该实体的指针。该函数的求值结果返回一个实体数据表，它是一个 AutoLISP 联接表，表中每一个顶层元素（引用表）都是以 AutoCAD 的 DXF 文件的组码开始，后面紧跟数据，分别定义实体数据的各个属性。

例如，用 AutoCAD 的 LINE 命令画一条直线，再用 ENTGET 函数获得此直线的定义数据。

命令: LINE

指定第一个点: 1,2↙

指定下一点或 [放弃(U)]: 6,6↙

指定下一点或[退出(E)/放弃(U)]: ↙

命令: (entget (entlast)) ↙

返回值为一个联接表，如下：

((-1 . <图元名: 192ebf2e450>)(0 . "LINE")(330 . <图元名: 192d11409f0>)(5 . "28D")(100 . "AcDbEntity")(67 . 0)(410 . "Model")(8 . "0")(100 . "AcDbLine")(10 1.0 2.0 0.0)(11 6.0 6.0 0.0)(210 0.0 0.0 1.0))

该联接表中包含多个子表，除后面 3 个引用外，其他的子表都是点对。每一个子表都由两部分组成，第一个顶层元素是组码，可用函数 CAR 提取；其余部分是对应的数据，用函数 CDR 提取。

ENTGET 函数获得实体定义的数据后，可以对它们进行诸多处理，如检索其中数据，再对数据进行修改、替换等。检索实体定义数据中想要修改的属性数据可以使用 ASSOC 函数，以<组码>作关键字；然后构造好需要替换成的数据，再用 SUBST 函数进行替换。

注意：动态输入状态下，小坐标点较难输入（可能因自动捕捉输入坐标），需要事先关闭动态输入模式（按下功能键 F12 或用系统变量 DYNMODE），或者通过设置系统变量 DYNPICOORDS 关闭相对坐标输入。

（5）修改图形数据库中实体定义（ENTMOD）

利用 ENTGET 函数获得实体定义数据并完成修改之后，图形窗口的图形并不会因数据修改而更新显示，因为修改后的实体还没有取代当前图形数据库的定义。为此，AutoLISP 提供了函数 ENTMOD 解决这一问题。

调用格式：(entmod <实体数据表>)

功用及求值结果：函数 entmod 接受修改后的实体数据表，更新一个主实体在数据库中的定义，同时更新它在屏幕上的显示。该函数首先检查<实体数据表>的正确性，若因检查出严重错误而无法更新，ENTMOD 函数返回 nil，否则返回作为其参数的实体数据表。

（6）直接往图形数据库和图形窗口加入图形（ENTMAKE）

函数 ENTMAKE 可以在图形（图形数据库同步）中生成一个新的实体。

调用格式：(entmake <实体数据表>)

ENTMAKE 函数的调用格式和 ENTMOD 函数的一样，也是<实体数据表>，该表的格式与 ENTGET 函数返回的表格式相似（联接表），作为 ENTMAKE 函数的变量表，所描述的新对象被附加到图形数据库中（它成为图形中的最后生成的那个实体）。如要在图层“0”上生成一条始于'(0 0)、终于'(100 100)的 LINE，代码如下：

(ENTMAKE '((0 . "LINE") (8 . "0") (10 0 0 0.0)(11 100 100 0.0)))

用 ENTMAKE 直接往图形数据库和图形窗口加入图形，成功与否取决于<实体数据表>是否正确包含定义该实体所必需的属性数据，如实体类型名、关键点等。函数执行成功则返回<实体数据表>，否则返回 nil。相比调用绘图命令时的参数输入，<实体数据表>的提供更容易出错，所以，通常不用这种方法来参数绘图。

4．选择集辅助参数绘图实例

（1）参考实验十一的五角星绘制程序。

（2）参考实验九的修改直线端点的程序。

（3）拟建立图层名 1、2、3、4、5、6、7，分别给它们设置颜色号为该图层名对应整数所代表的颜色值。

①程序描述如下：

函数定义：参数列表（数据输入：图层名列表 lay_lst、颜色号列表 col_lst）

数据检测：（列表长度检测、非空表检测等）

检测失败：给出提示后退出程序

检测通过：循环方式（列表元素控制：foreach 或 mapcar）

循环体：检测图层名

存在：设置绘图颜色

不存在：建立图层并设置绘图颜色

函数结束。

②程序如下：

```
(defun layerSET(lay_lst col_lst)
        (if (= (length lay_lst) (length col_lst));end judge-两个表长度一致
            (mapcar 'nslayer lay_lst col_lst);end mapcar;if-true
            (exit);if-false
        );end if
        (princ);不要返回值
);end defun
;(LAYERSET '("0" "1" "2" "3" "4" "5" "6") '(7 1 2 3 4 5 6))
;(nil nil nil nil nil nil nil);-函数 nslayer  中 COMMAND 调用 LAYER
;(T T T T T T T);-函数 nslayer  中 VL-CMDF 调用 LAYER
(defun nslayer(name col);这个是设置函数
        (if (null (tblsearch "layer" name));检测图层名是否存在
            (command "layer" "n" name "c" name col "");图层不存在-新建并设置
            (command "layer" "S" name "c" col "" "");图层存在-设置
        );end if-新建图层并设置颜色,1,2,3,4,5,6,7 分别为红,黄,绿,青,蓝,紫,黑色
);end defun
; (MAPCAR 'NSLAYER '("0" "1" "2" "3" "4" "5" "6") '(7 1 2 3 4 5 6))
```

四、实验结果

1. 列出选择集操作方法。
2. 列出图形数据库操作方法。

五、实验小结

分析实验的准备和实施过程中出现的情况，对照实验结果，写出实验结论。

实验十四　ActiveX 辅助 AutoCAD 参数绘图

一、实验目的

1．了解 ActiveX 基本概念；
2．了解 ActiveX 绘图方法；
3．熟悉 AutoLISP 调用 ActiveX 绘图过程。

二、实验要求

1．学习 Visual LISP ActiveX 接口；
2．学习 ActiveX 绘图方法；
3．通过 Visual LISP ActiveX 简化 AutoCAD 参数绘图。

三、实验内容

1．ActiveX 辅助绘图技术简介

Visual LISP 与 Microsoft ActiveX、Object ARX 以及 Microsoft Visual Basic 等一样，都是面向对象的程序语言工具。Autodesk 公司开发的 Visual LISP ActiveX 接口，使 AutoCAD 的对象模型在交叉应用整合方面具有更好的适应性。这意味着用户所开发的应用程序不仅与 AutoCAD 软件兼容，而且与其他 ActiveX-Compliant 应用程序同样具有良好的兼容性，通过联合数据库可以方便地套用，解决了多年来应用程序智能化及整合性差的问题。Visual LISP 增加了许多以 vl-、vlx-、vla-、vlr-等开头的函数，专门用来处理 ActiveX 对象。ActiveX 的导入使访问 AutoCAD 图元更简易、直接，但鱼与熊掌难以兼得，语法简易就会导致程序代码变长，一些简单 AutoLISP 函数就可以实现的功能要经过几行、十几行甚至更多的 ActiveX 代码才能实现，这增加了程序开发的时间。因此，灵活地运用 Visual LISP 才能有效地整合 AutoLISP 与 ActiveX 代码，缩短开发时间。

2．ActiveX 绘图实例

采用 ActiveX 方法在图形窗口（模型空间）画一个圆，圆心坐标为(0 0 0)，半径为 50，画完后将模型空间缩放到图形实际范围。

```
(defun z_actx(/ zacadobj zacaddoc mspace zcen zrad zcirobj)
        (vl-load-com)
        (setq   zacadobj (vlax-get-acad-object)                ;取得 ACAD 程序对象
                zacaddoc (vla-get-activedocument zacadobj)     ;取得 ACAD 活动文档
                mspace (vla-get-modelspace zacaddoc)           ;取得 ACAD 模型空间
                ;pspace (vla-get-paperspace zacaddoc)          ;取得 ACAD 图纸空间
```

```
    );end setq
    (setq zcen (vlax-make-safearray vlax-vbdouble '(0 . 2)))  ;定义安全数组的格式
    (vlax-safearray-fill zcen '(0 0 0))                      ;定义圆心坐标
    (setq zrad 50)                                           ;定义半径
    (setq zmpcirobj (vla-addCircle mspace zcen zrad))        ;往模型空间增加圆
    ;(setq zppcirobj (vla-addCircle pspace zcen zrad))       ;往图纸空间增加圆
    (vla-zoomextents  zacadobj)                              ;绽放模型空间到图形实
际范围
    (princ)
);end defun
```

3．Visual LISP ActiveX 接口介绍

Visual LISP 增加了许多以 vl-、vlx-、vla-、vlr-等开头的函数，这些函数被加入 AutoLISP 扩展函数库，专门用来处理 ActiveX 应用和数据转换，反应器和字典的相关操作也被加入这个库。通常情况下 AutoCAD 启动不会自动加载这个库，如果程序需要调用这些函数，须首先调用 vl-load-com 函数加载扩展函数库，如果已经加载，该函数就不执行任何操作。

利用 Visual LISP 的 ActiveX 绘制图形，首先需要取得 ActiveX 对象模型的顶层模型，即应用程序对象（Application），它下面的 4 个子对象模型依次为 Preferences、Documents、MenuBar 和 MenuGroups（图 14-1）。Preferences 对象主要存储 AutoCAD 的当前设置（options 对话框中的设置）。Documents 是由 AutoCAD 所有图形构成的文档集，通常我们通过它的子对象 Document 来操作图形文档（其中 Blocks、Dictionaries、Dimstyles、Layers、Linetypes、Selectionsets 等对象）。MenuBar 对象是当前显示在 AutoCAD 菜单栏上的所有菜单；而 MenuGroups 对象（集合）除包含当前 AutoCAD 任务中加载的所有菜单组（其中部分或全部菜单可能显示在 AutoCAD 菜单栏上）外，还包含当前 AutoCAD 任务可用的所有工具栏。

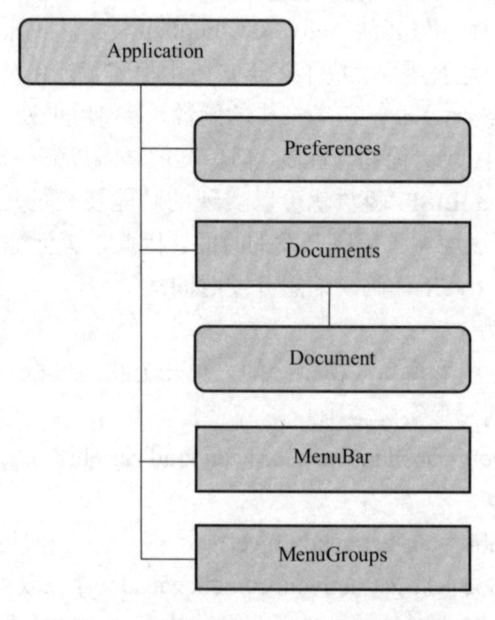

图 14-1　AutoCAD 的 ActiveX 对象模型

绘图程序要先利用函数 vlax-get-acad-object 取得 Application 对象，再通过函数 vla-get-activedocument 取得活动文档（当前图形文件），最后通过函数 vla-get-modelspace 或 vla-get-paperspace 取得模型空间或图纸空间（布局），之后才能通过函数（vla-addX：vla-addCircle、vla-addellipse、vla-addline、vla-addmline、vla-addpolyline、vla-addpoint 等，不区分大小写）将图形对象加入模型空间或图纸空间。增加图形对象之前要用函数 vlax-make-safearray 定义安全数组，调用格式如下：

(vlax-make-safearray type '(l-bound . u-bound)['(l-bound . u-bound)...)]

其中，type 是安全数组的类型，只接受内部定义的 vlax-vbInteger、vlax-vbLong、vlax-vbSingle、vlax-vbDouble、vlax-vbString、vlax-vbObject 、vlax-vbBoolean、vlax-vbVariant 类型。

'(l-bound . u-bound)是安全数组的下、上界序号，比如'(0 . 2)，说明安全数组有 3 个数据，序号依次为 0、1、2。

4．从 LWPOLYLINE 中提取顶点坐标（ActiveX 方法），按逆时针顺序从左下顶点开始依次存入一个引用表，并返回之

```
(defun getvertext(ent / entype obj vtx vtxlst n ptlst);从左下角点开始逆时针构造顶点
  (vl-load-com);load ActiveX support
  (if  ent
      (progn
        (setq entype (cdr (assoc 0 (entget ent))));取得传入主实体名的实体类型名
        (if (= "LWPOLYLINE" entype);检测主实体是否为 LWPOLYLINE
            (progn
              (setq obj (vlax-ename->vla-object ent))   ;Transforms entity to VLA-object
              (setq vtx (vla-get-Coordinates obj))      ;获取到坐标对象
              (setq vtxlst (vlax-safearray->list (vlax-variant-value vtx)));get the vlaue list
              (setq n 0)
              (setq ptlst nil)
              (repeat (/ (length vtxlst) 2)
                  (setq ptlst (append ptlst (list (list (nth n vtxlst) (nth (1+ n) vtxlst)))))
                  (setq n (+ n 2))
              );end repeat
              (if ptlst ptlst nil);return
            );end progn
            (prompt "\n 选取的实体不是 LWPOLYLINE !")
        );end if
      );end progn
  );if
);end defun
;(command "rectangle" '(100 100) '(300 400));这个表绘制一个矩形
;(getvertext (entlast));用 entlast 函数取得最后的主实体名，传给 getvertex 的形参 ent
;((100.0 100.0) (300.0 100.0) (300.0 400.0) (100.0 400.0))
```

四、实验结果

1．描述 ActiveX 绘图实例中的绘图步骤。

2．监视函数 getvertext 中变量的变化。

3．用下表获取 LWPOLYLINE 的顶点(假定 en 已被赋值为矩形的实体数据)：

```
(foreach lst en (if (= 10 (car lst))
                    (setq zvertext (append (cdr lst) zvertext)))
);end foreach
;((100.0 400.0) (300.0 400.0) (300.0 100.0) (100.0 100.0))
```

4．试获取最后所绘 SPLINE 的拟合点（首先到帮助文件中查找“DXF 参考”→“ENTITIES 段”→“SPLINE”）。

5．比较 ActiveX 绘图和 COMMAND 函数绘图的特点。

五、实验小结

分析实验的准备和实施过程中出现的情况，对照实验结果，写出实验结论。

第三篇

环境工程 CAD 应用实例

本篇主要介绍环境工程CAD应用实例，具体有：环境工程项目选址计算、建筑构配件的自动设计、水处理工程设备和设施的自动设计、大气污染控制工程设备的自动设计。

实验十五　环境工程项目的选址计算

一、实验目的

1．熟悉环境工程项目选址方法；
2．熟悉自动选址计算方法。

二、实验要求

1．学习 AutoLISP 计算思维，掌握基本计算思维的应用；
2．学习 AutoCAD 智能计算方法；
3．学习 AutoLISP 基本数值函数，掌握科学计算方法。

三、实验内容

1．选址计算

从污染源排入大气的污染物会沿着下风向输送、扩散和稀释。风速越大，扩散范围越大，污染物在大气中的浓度越小，即大气污染程度与风速成反比关系。

某一风向频率越大，其下风向受到污染的概率越高，即大气污染程度与风向频率成正比关系。为综合表示某一地区的风象（风向频率和平均风速）对大气污染影响的程度，提出用污染系数来表达，即

某一方向的污染系数=风向频率/相应风向的平均风速

污染系数反映了各污染系数所指向方位污染可能性大小的相对关系。按上式计算出各风向的污染系数，绘制成风玫瑰图。不难看出，污染系数越大，下风向的污染就越严重。因此，污染源应设在污染系数最小方向的上侧。

示例：某地风向频率及风速如表 15-1 所示，试确定该地火力发电厂的厂址。

表 15-1　某地风向频率及风速

方位	北	东北	东	东南	南	西南	西	西北
风向频率/%	14	8	7	12	14	17	15	13
平均风速/（m/s）	3	3	3	4	5	6	6	6
污染系数	4.667	2.667	2.333	3.000	2.800	2.833	2.500	2.167
污染百分比/%	0.203	0.116	0.102	0.131	0.122	0.123	0.109	0.094

由表 15-1 可知，若仅考虑风向频率，污染源应设在东面，但从污染系数来看，污染源应设在西北方。

2．基于计算程序的选址计算

（1）计算程序的概念

计算程序可以简单地理解成针对最理想数据的特定处理方法，用模型表示为

计算机程序=数据+算法

1）数据

数据是反映客观事物属性的记录，是信息的具体表现形式。如本例中，8个或16个方位（通常是8方位）的风向频率和对应的风速即为数据。事实上，这是最理想的情况，因为还有可能这些数据只包含7个方位，或者其他异常形式（这也意味着计算程序只有在最理想的情况下才能得出正确的结果）。为方便给程序传入这两组数据（要么像C语言的数组，要么像MATLAB的Cell），结合AutoLISP语言的特点（函数式、表处理语言），引用表类型是高效、可行的数据形式。

2）算法

算法是对解题方案的准确而完整的描述，是一系列解决问题的清晰指令，代表着用系统的方法描述解决问题的策略机制。算法具有确切性、有穷性、输入项、输出项、可行性等特征。

以污染系数的计算程序为例来分析算法的特征：可以通过实参给程序的形参传入数据（这就是算法的输入项，暂且不管实参是怎么得来的，因为会有专门的模块负责接收数据并把它们处理成引用表）；单向污染系数计算好之后便被加入引用表，最后将这个引用表作为程序的返回值，这是算法的输出项；传入的表数据长度是8或16，也有可能更少（这种情况属于数据异常，但只要两个引用表的长度一致就可以继续计算），以表数据的长度作为循环变量，确保算法的有穷性；实参传入后，程序须对表数据进行合法性、有穷性检测，保证算法的确切性；通过以上分析，基本可以确定该算法是可行的。其实，对于本例而言，选址核心算法就是污染系数的计算公式。

（2）用自然语言描述污染系数计算程序

```
函数定义：参数列表（数据输入）
          数据检测（合法性检测）
              非法行为：
              合法行为：（有穷性检测、变量空间分配）
                      数据提取
                      计算污染系数
                      循环变量控制
                      结果返回：（存储中间结果）
函数结束。
```

（3）污染系数(含污染率)计算程序

```
(defun p_degree(fre_list velo_list / coe_list degree_list sum num tmp)
      (if (/= (setq num (length fre_list)) (length velo_list)) (exit)) ;检测频率和风速表
      (setq sum 0)
      (repeat num    ;注意循环体中 num 的变化并不会影响到这里
              (setq num (1- num))
```

```
        (setq tmp (/ (nth num fre_list) (nth num velo_list) 1.0))
        (setq sum (+ sum tmp));累加污染系数
        (setq coe_list (cons tmp coe_list));构造污染系数引用表
      );end repeat
      (foreach tmp coe_list (setq degree_list (cons (/ tmp sum) degree_list))
);end foreach-计算污染率并构造成引用表
      (setq degree_list (reverse degree_list)) ;返回污染率
      ;;;coe_list    ;如果要返回污染系数，退注释本行即可
);end defun
```

（4）选址决策程序

```
(defun seladd(zlst/zadd);根据污染率或污染系数确定选址
      (if (listp zlst);传入空表或非引用表类型数据则返回 nil
            (progn
              (cond
                  ((= 0 (cadr (zmin zlst))) (setq zadd "北"))
                  ((= 1 (cadr (zmin zlst))) (setq zadd "东北"))
                  ((= 2 (cadr (zmin zlst))) (setq zadd "东"))
                  ((= 3 (cadr (zmin zlst))) (setq zadd "东南"))
                  ((= 4 (cadr (zmin zlst))) (setq zadd "南"))
                  ((= 5 (cadr (zmin zlst))) (setq zadd "西南"))
                  ((= 6 (cadr (zmin zlst))) (setq zadd "西"))
                  ((= 7 (cadr (zmin zlst))) (setq zadd "西北"))
                  (t                        (setq zadd "选址错误！")))
              );多分支
            );end progn;;if-true
            (setq zadd "数据错误！");;if-false
      );end if
);end defun
;;(seladd (p_degree '(14 8 7 12 14 17 15 13) '(3 3 3 4 5 6 6 6)));"西北"
```

（5）辅助程序（函数 zmin）

AutoLISP 系统提供的 min 函数不能对表运算，所以决策程序需要一个针对引用表的查找最小值函数。所以决策程序还需要辅助程序查找引用表的最小值，并记录最小值的位置，zmin 函数将它们一起构造成引用表返回。AutoLISP 提供的函数 vl-position，可以查找符号变量的位置；但需要将最小值检索方法构造成表达式，提供给 vl-position；虽然这样也可以实现查找表中最小值的位置这一功能，但这已经超出了计算程序的范畴，已经带上了“智能”的色彩。构造方法提供如下：

```
(SETQ LST '(4.7 2.7 2.3 3.0 2.8 2.8 2.5 2.2));这是待查找最小值的引用表
(SETQ ZLST (CONS 'MIN LST));构造的查找最小值方法
(EVAL ZLST);再求值以得出最小值
```

(VL-POSITION (EVAL ZLST) LST);返回值为最小值的位置：7

辅助程序 zmin 函数实现如下：

```
(defun zmin(zlst / posi num num-posi);查找引用表中的最小值和位置
        ;zlst：传入一个数值型引用表，寻找出其中的最小值
        (if (listp zlst);传入空表返回 nil
            (progn
                (setq num (nth 0 zlst) posi 0 num-posi (list num posi))
                ;;(setq num (nth 0 zlst) posi);;若由这行取代上行，会出什么问题？
                (repeat (1- (length zlst))
                        (if (< (nth (setq posi (1+ posi)) zlst) num)
                            (setq num (nth posi zlst) num-posi (list num posi))
                        );end if
                 );end repeat
                num-posi;返回由最小值和位置构成的引用表
            );end progn;;if-true
            nil             ;;if-false
        );end if
);end defun zmax-程序有一个缺陷：未考虑引用表有两个或多个最小值的情况
;;(zmin '(14 8 7 12 14 17 15 13))
;;(7 2)
```

至此，环境工程项目选址的计算和决策功能基本实现。它沿袭了结构化程序思维，完全抛开了 AutoLISP 这种人工智能语言的特点。

3. 基于人工智能的选址计算

（1）基本概念

1）概念

区别于常规计算程序，智能计算程序引入某种自适应机制，以实现或促进计算的智能，自适应机制包括那些表现出学习或适应新情况、概括、抽象、发现和关联能力的人工智能模式。智能计算程序遵从“人工智能系统=知识+推理”的统一模式。

2）知识

是信息经过加工整理、解释、挑选和改造而形成的、对客观世界的规律性的认识。可分为：

Ⅰ. 零级知识：常识性知识和原理性知识，如关于问题领域的事实、定理、方程、实验对象和操作等；

Ⅱ. 一级知识：经验性知识，这是由于零级知识对于解决某些问题失灵而出现的启发式方法，如单凭经验的规则，含义模糊的建议，不确切的判断标准等；

Ⅲ. 二级知识：如何运用上述两级知识的知识。这种知识层次还可以继续划分下去，每一级知识对低层知识有指导意义。

零级和一级知识称为领域知识（或目标级知识），二级以上的知识又称为元知识。

3）推理

指依据一定的规则，从已有的事实推出结论的过程。

（2）建立知识库

影响环境工程项目选址的因素其实不止污染系数这一项，姑且抛开其他因素，仅以污染系数作为选址的唯一因素，来讨论知识库的建立。选定单向污染系数引用表作为选址知识库的基础，用 0～7 做位置序号，关联污染系数引用表中的单向污染系数所对应的方位，以位置序号和方位构成点对，建立以这种点对为子表的联接表，以此作为智能选址计算的关联型知识库，如下：

```
(defun addsel_kl(/ posi-loca)
        (setq posi-loca
                '((0 . "北")
                  (1 . "东北")
                  (2 . "东")
                  (3 . "东南")
                  (4 . "南")
                  (5 . "西南")
                  (6 . "西")
                  (7 . "西北")
                 )
        );end setq
);end defun
```

（3）建立推理程序

由知识库结构可知，本例要建立关联型推理程序，实现智能选址计算和决策。检索知识库联接表的关键字是与污染系数和对应方位相关联的位置码，它是 0～7（8 方位）或 0～15（16 方位，较少使用，民用风象数据多使用 8 方向），适合做联接表检索函数 ASSOC 的<关键字>，可以便捷地搜索知识库。污染系数的计算充分利用了 AutoLISP 计算思维中 MAPCAR 的循环控制优势，集成了表提取、模型运算、表构造和科学计算（独立模块 COE-POL）等功能。通过构造查找最小值方法，为构造智能决策方法提供实用范例。最后，配合点对顶层元素提取操作（CDR），知识库检索结果被便捷地处理成极易识别的决策结果。推理程序如下：

```
(defun infer-coef(fre_lst velo_lst / coe_lst zlst)
        (if (= (length fre_lst) (length velo_lst));数据合法性检测
        (progn
                (setq coe_lst (mapcar 'coe-pol fre_lst velo_lst));计算污染系数
                (setq zlst (cons 'min coe_lst));构造查找最小值方法
                (cdr (assoc (vl-position (eval zlst) coe_lst) (addsel_kl)));知识库检索
        );end progn-if-true
        nil;if-false
        );end if
```

```
);end defun
;(infer-coef '(14 8 7 12 14 17 15 13) '(3 3 3 4 5 6 6 6));"西北"
;(infer-coef '(14 8 7 12 14 11 15 13) '(3 3 3 4 5 6 6 6));"西南"
```

（4）污染系数计算模型（领域知识）

将求解污染系数的计算模型单独做成一个程序模块，一是因为它具有领域知识的特征，也包括后续实验中仍将陆续介绍的专业计算模型，二是因为它涉及影响科学计算精度的常用控制方法，三是因为模块化程序的要求（高内聚、低耦合）。代码如下：

```
(defun coe-pol(fre velo)
        (if (zerop velo)
  (progn (alert "Can't be divided by 0")(exit))
  (/ fre velo 1.0);计算污染系数，连除 1.0 是增加运算精度
        );end if
);end defun
```

四、实验结果

1．描述污染系数计算程序。
2．描述优化自动选址计算程序。
3．描述自动选址决策程序。
4．描述辅助程序。

五、实验小结

分析实验的准备和实施过程中出现的情况，对照实验结果，写出实验结论。

实验十六　建筑构配件的自动设计

一、实验目的

1. 熟悉三视图的基本视图规律；
2. 熟悉基本建筑构配件三视图的绘制过程；
3. 熟悉环境工程制图基本规格在 AutoCAD 参数化绘图中的应用。

二、实验要求

1. 了解台阶三视图自动设计教学示范系统的功能；
2. 学习三视图的视图和制图规律；
3. 学习三视图的参数化绘制方法。

三、实验内容

1. 三视图基本识图和绘图规律

三视图之间的投影联系规律为：长对正（正立面图和平面图），高平齐（正立面图和左侧立面图），宽相等（平面图和左侧立面图）。充分应用这些规律，才能准确识读平面图、正立面图和侧立面图等施工图纸中构配件的尺寸和形状等信息；采用 AutoCAD 设计和绘制这些构配件时，更需要严格遵循这些规律。

台阶不但是房屋建筑的重要构件，也是环境工程设施的基本构件，它的设计和绘图工作具有规则化和重复性的特征。“台阶三视图自动设计和智能计算”教学示范系统，从形体分析、交互式绘图过程分析、核心算法的形成、程序模块划分、子模块间的通信、代码的书写和调试等方面，示范环境工程设施构配件的智能计算和参数化绘图过程。

2. 形体分析

去掉台阶的装饰件和支撑件后，可以把台阶简化成一个个仅长边相叠接的长方体（图 16-1），这些长方体具有相同的高度、相同的长度和相同的宽度。分析台阶的三视图可知，它的正立面图和平面图都分别由相同的矩形构成，它的侧立面图则是由一个矩形的一个角和拆散的另一个角有序排列构成（图 16-1）。

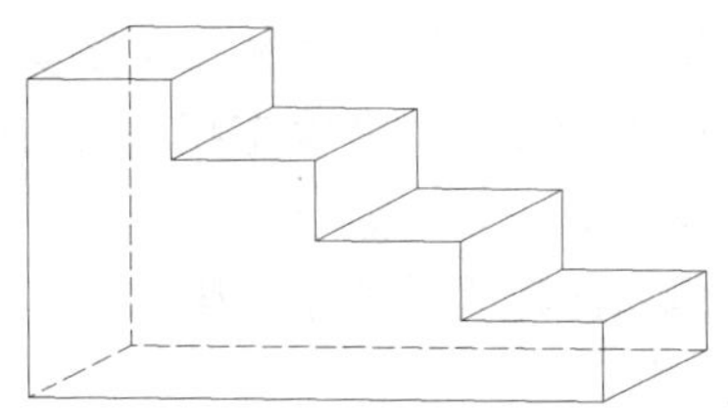

图 16-1　台阶形体分析

3．交互式绘图过程分析

（1）台阶的三维实体图

首先，在俯视图上画一个矩形（台阶的长和宽，为最高级数的台阶），再画第二个矩形（台阶的长和两级台阶的宽），依次画完所需级数的矩形（如图16-2中的Ⅲ所示，起始角点均为右上角点）。其次，将第一个所绘矩形拉伸最高级数乘以一级台阶的高度，将第二个矩形拉伸第二高级数乘以一级台阶的高度，依次至最后一个矩形拉伸一级台阶的高度。最后，利用union命令将所有拉伸出的长方体合并，即可得图16-1所示台阶三维实体图。

（2）台阶的三视图

首先，通过屏幕中心点（通过系统变量VIEWCTR取得）画水平和竖直方向的双向构造线（xline），将图形窗口划分成4个象限（如图16-2所示的Ⅰ、Ⅱ、Ⅲ、Ⅳ象限），其次，将这两条双向构造线向各自两侧偏移相同间距，作为视图的边界线，将Ⅰ和Ⅱ象限（水平）、Ⅲ和Ⅳ象限（水平）、Ⅰ和Ⅳ象限（竖直）边界线分别按台阶高、台阶宽和台阶宽偏移台阶级数，Ⅱ和Ⅲ象限（竖直）边界线按台阶长偏移一次。最后，连线画出台阶三视图，如图16-2所示。

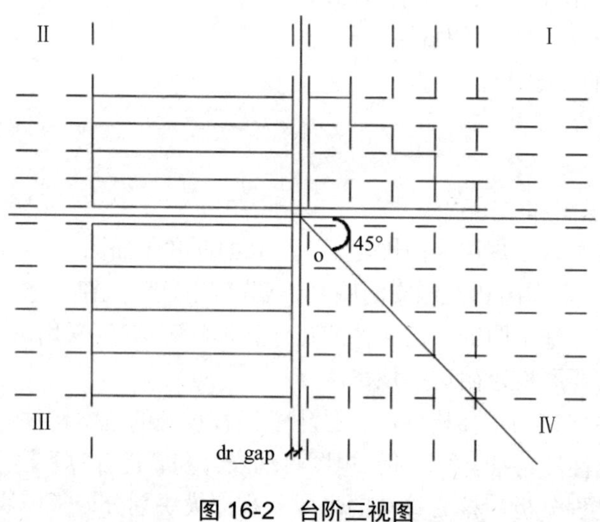

图16-2 台阶三视图

4．参数绘图

（1）三视图同步绘图算法

同步绘图即每步绘制每级台阶的正立面图、平面图和侧立面图，这样可以将三视图的绘制过程集中在一个循环体内，核心算法描述如下：

①接收绘图参数（台阶的级数和尺寸参数）。

②设置绘图环境（如关闭捕捉、设置图纸规格、文字规格、标注规格等）。

③取得屏幕中心作为三视图的中心点，并设定相对它的偏移量。

④根据台阶级数设定循环变量。

根据循环变量分别计算该级台阶三视图的绘图坐标。

⑤取回绘图环境。

程序如下：

```
(defun dstep(len wid hei n / pcen pt tmpnum pt_x pt_y)
    ;len：台阶长度; wid：台阶宽度; hei：台阶高度; n：台阶级数
    (setvar "osmode" 0);参数绘图前必须关闭捕捉（最好先保存以前的捕捉方式）
    (command "erase" "all" "");清除图形窗口
    (setq dr_gap 20.0);设置三视图之间的间距，如图 16-2 所示
    (setq pcen (getvar "viewctr"));将屏幕中心设为三视图中心点，图 16-2 中 O 点
    (setq   pt_x (+ (car   pcen) dr_gap);取得侧立面图左下角点的 x 值
            pt_y (+ (cadr pcen) dr_gap);取得侧立面图左下角点的 y 值
            tempnum 0
    );end setq
    (while (> n 0)
            ;正立面图
            (command "rectangle" (list (- (car pcen) dr_gap len)
                                           (+ (cadr pcen) dr_gap (* hei (1- n)))
                                       );矩形左下角点
                                       (list (- (car pcen) dr_gap)
                                            (+ (cadr pcen) dr_gap (* hei n))
                                       );矩形右上角点
            );end command
            ;平面图
            (command "rectangle" (list (- (car pcen) dr_gap len)
                                           (- (cadr pcen) dr_gap (* wid n))
                                       );矩形左下角点
                                       (list (- (car pcen) dr_gap)
                                            (- (cadr pcen) dr_gap (* wid (1- n)))
                                       );矩形右上角点
            );end command
            ;侧立面图
            (command "pline" (list (+ pt_x (* wid tempnum))   (+ pt_y (* hei n)))
                             (list (+ pt_x (* wid (1+ tempnum))) (+ pt_y (* hei n)))
                             (list (+ pt_x (* wid (1+ tempnum))) (+ pt_y (* hei (1- n))))
            "");end command;画踏步
            (command "pline" (list pt_x (+ pt_y (* hei (1- n))))
                               (list pt_x (+ pt_y (* hei n))) "")   ;画台阶侧立面之墙线
            (command "pline" (list (+ pt_x (* wid tempnum)) pt_y)
                               (list (+ pt_x (* wid (1+ tempnum))) pt_y) "") ;侧立面之地面线
            (setq n (1- n) tempnum (1+ tempnum));循环变量变化
    );end while
);end defun
```

;(dstep 1200 280 160 5)

（2）三视图分步绘图算法

分步绘图就是将台阶的正立面图、平面图和侧立面图分开绘制。对于构图比较简单的正立面图、平面图，可以引入图形数据库操纵技术来简化计算和绘图，侧立面图虽然相对复杂些，但有重复性的特征，采用循环控制坐标计算和绘图操作，核心算法描述如下：

①接收绘图参数。

②设置绘图环境（如关闭捕捉、设置图纸规格、文字规格、标注规格等）。

③取得屏幕中心作为三视图的中心点，并设定相对它的偏移量。

④绘制平面图或正立面图。

绘制第一级台阶的平面图

加入选择集

阵列选择集

⑤绘制台阶侧立面图。

首先绘制台阶竖向线（|）和地面线（__）

然后绘制台阶踏步线（┐）

⑥程序结束。

程序如下：

```
(defun d_step(len wid hei n / pt pt1 pt2 pt3 ss num)
        (setvar "osmode" 0)
        (command "erase" "all" "")
        (setq dr_gap 20)
        (setq pt (getvar "viewctr"));取得屏幕中心点，图 16-2 中 O 点
        ;画正立面图-注意程序的书写风格
        (setq pt1 (list (- (car   pt) dr_gap) (+ (cadr pt) dr_gap)));第 1 个矩形的右下角点
        (setq pt2 (list (- (car   pt1) len) (+ (cadr pt1) hei)))   ;第 1 个矩形的左上角点
        (vl-cmdf "rectangle" pt1 pt2);画第 1 个矩形
        (setq ss (entlast));将所画的矩形构建进选择集
        (vl-cmdf "array" ss "" "r" n 1 hei);用阵列的方法画余下矩形
        ;画平面图
        (setq pt1 (list (- (car   pt) dr_gap) (- (cadr pt) dr_gap)));第 1 个矩形的右上角点
        (setq pt2 (list (- (car   pt1) len) (- (cadr pt1) wid)))      ;第 1 个矩形的左下角点
        (vl-cmdf "rectangle" pt1 pt2);画第 1 个矩形
        (setq ss (entlast));重新构建选择集
        (vl-cmdf "array" ss "" "r" n 1 (- 0 wid));画余下矩形
        ;画侧立面图
        (setq pt1 (list (+ (car   pt) dr_gap) (+ (cadr pt) dr_gap)));左下角点
        (setq pt2 (list (car   pt1)    (+ (cadr pt1) (* hei n 1.0))));左上角点
        (setq pt3 (list (+ (car   pt1)(* wid n 1.0))     (cadr pt1))) ;右下角点
        (command "pline" pt3 pt1 pt2 "");画|_
```

```
        (command "pline" pt3 (polar pt3 (/ pi 2.0) hei)
                              (polar (polar pt3 (/ pi 2.0) hei)   pi wid) "");画第一级踏步
        (setq ss (entlast) num 1.0)
        (repeat (setq n (1- n))
          (command "copy" ss "" pt3 (list (+ (car   pt1)(* wid n))
                                            (+ (cadr pt1)(* num hei))) "");左下角点
          (setq n (1- n) num (1+ num))
        );end repeat-画其余踏步
        (princ)
);end defun
;(d_step 1200 280 160 5)
```

四、实验结果

1．单步监视台阶三视图同步绘图。

2．单步监视台阶三视图分步绘图。

五、实验小结

分析实验的准备和实施过程中出现的情况，对照实验结果，写出实验结论。

实验十七　水处理工程设备的自动设计

一、实验目的

1．熟悉工程数据的存储方法；
2．熟悉格栅的设计计算；
3．熟悉格栅的参数化绘制。

二、实验要求

1．学习工程数据的直接检索法；
2．学习格栅的设计计算模型；
3．学习格栅示意图的参数化绘图。

三、实验内容

1．工程数据的存储和检索

工程设施/设备的设计和生产应用过程会积累大量宝贵的经验数据，对这些数据的有效利用可以大幅提升设计和生产效率。特别是在设计标准化的零件和设备时，往往需要对体系化数据进行存储和检索。下面以一种根据链号检索滚子链的节距、排距、滚子外径和销轴直径的方法为例，介绍数据的直接检索法。另外，还有专用函数检索法和数据文件检索法，这些方法大家可以参见本书参考文献[2]进行自学。直接检索法没有专门的检索函数，它是根据不同数表编写简单的程序进行数据检索，因此只适合较简单的数表。程序如下：

```
(defun get_rcd(cs / L);检索函数
        (data);load data
        (setq L (cond
                        ((equal cs '(05B)) L1);error if =
                        ((equal cs '(06B)) L2)
                        ((equal cs '(08B)) L3)
                        ((equal cs '(08A)) L4)
                        ((equal cs '(10A)) L5)
                 );end cond
        );end setq
);end defun get_rcd
;;;(get_rcd '(08B))
;;;(12.7 13.92 8.51 4.45)
```

```
(defun data();数据文件
        (setq   L1 '(8.00 5.64 5.00 2.31);数表
                L2 '(9.525 10.24 6.35 3.28)
                L3 '(12.70 13.92 8.51 4.45)
                L4 '(12.70 14.38 7.95 3.96)
                L5 '(15.875 18.11 10.16 5.08)
        );end setq
);end defun data
```

把上面的两个函数敲入一个 LSP 文件，加载后就可以根据链号检索滚子链的节距、排距、滚子外径和销轴直径。例如，(get_rcd '(08B))，返回 L3 的值。实际上，我们就是把所有的数据做成一个函数（data）。同理，如果我们需要根据沉淀曲线来设计沉淀池，或者需要根据计权网络来计算计权声级，就可以把沉淀曲线或者计权网络做成函数。当然，也可以将它们设计成专用检索函数；如果数据量太大，我们也可以把它们做成文件，需要多少就加载多少，避免过度的内存开销，这就是数据文件检索法。如果把推理过程也做成函数，把训练的结果作成数据文件，这就是高级人工智能的雏形了。

2．格栅的设计计算模型

格栅是最简单的过滤设备，是由一组或多组平行的金属栅条或筛网制成的框架，安装在污水渠道、泵房集水井的进口处，用于截留废水中较大的悬浮物或漂浮物，防止其后构筑物的管道阀门或水泵的堵塞、磨损。

格栅的设计和选择主要由栅条断面形状、栅条间隙、栅渣（被格栅截留的物质）清除方式等来决定，具体计算如下：

1）栅条间隙数 n

$$n=\frac{Q_{\max}\sqrt{\sin\alpha}}{Nbhv}$$

式中，n 为栅条间隙数；$Q_{\max}$ 为最大设计流量，m^3/s；α为格栅倾角；N 为格栅槽座数；b 为栅条间隙，m；h 为栅前水深，m；v 为过栅流速，m/s。

2）栅槽宽度 B

$$B=S(n-1)+bn$$

式中，S 为栅条宽度，m。

3）通过格栅的水头损失 h_1（对应于计算程序里的变量 h3_bs）

$$h_1=\xi\cdot\frac{v^2}{2g}\sin\alpha=\beta k\left(\frac{S}{b}\right)^{\frac{4}{3}}\frac{v^2}{2g}\sin\alpha$$

式中，g 为重力加速度，9.80 m/s^2；k 为系数，格栅受污物堵塞时水头损失增大倍数，一般采用 k=3；β为形状系数，取 1.67（由于选用断面为迎、背水面均为半圆形矩形）；ξ 为阻力系数，其值与栅条断面形状有关，计算方法参考实验七。

4）进水槽水深 H_1

$$H_1=\frac{Q_{\max}}{NB_1v}$$

式中，v 为进水流速，m/s。

5）栅槽渐扩段水头损失 h_0

$$h_0 = \frac{(1+\xi)(v_1^2 - v_2^2)}{2g}$$

式中，ξ 为八字出水口水头损失系数；v_1 为进水流速，m/s；v_2 为栅前水流速，m/s。

6）栅后槽总高度 H

$$H = h + h_1 + h_2 = H_1 - h_0 + h_1 + h_2$$

式中，h 为栅前实际水深，m；h_2 为栅前渠道超高，m。

7）栅槽总长度 L

$$L = l_1 + l_2 + l_3 + l_4$$

式中，l_1 为进水端栅槽渐扩段长度，$l_1 = (B - B_1) / 2\tan\alpha_1$；$\alpha$为进水渠道渐宽部分的展开角度，一般取 20º；$l_2$ 为渐扩末端距格栅长度；l_3 为格栅投影平面长度；l_4 为除渣设备预留长度，根据《室外排水设计规范》（GB 50014—2006）取值为 1.5 m。

8）每日栅渣量 W

$$W = \frac{\bar{Q}W_1}{1000}$$

式中，W_1 为栅渣率，$m^3/10^3\ m^3$ 污水，根据《环境工程设计手册》取 $0.075\ m^3/10^3\ m^3$。

3．格栅的自动设计程序

在格栅的设计计算完成后，通常进行格栅和栅槽的示意图绘制，需要准确表示出栅槽的形状、尺寸和格栅的安装参数。机械格栅的设计一般由机械设计和制造单位完成，环境工程人员仅需根据设计参数选型、安装和调试即可。因此，程序仅完成格栅设计的智能计算和示意图绘制。

1）格栅的智能计算程序

```
(defun calc_bs(list_bs)
; / n_bs wid_dit h3_bs h_bs L1_bs L2_bs Lbs_bs L_bs dust_bs v1_bs v2_bs v_bs Kz_ww)
;若将行首的注释符和程序第一行的右括号删除，“/”号后的变量便被定义成局部变量。
    ;list_bs为:(qmax ang_bs dist_bs h2_bs v2_bs wid_bs type_bs coef_bs h4_bs wid_pdit h1_bs)
    ;qmax：最大流量              ;v2_bs：过栅流速          ;ang_bs：格栅倾角，单位：度
    ;dist_bs：栅条间距           ;wid_bs：栅条宽           ;coef_bs：格栅污堵阻力系数
    ;L_bs：格栅槽总长            ;h1_bs：栅前超高          ;wid_dit：栅槽总宽
    ;ang_dit：栅槽开角           ;h2_bs：栅前水深          ;v1_bs：栅前流速(0.4～0.9)
    ;wid_pdit：栅前渠宽          ;h3_bs：格栅水头损失      ;n_bs：栅条间隙数
    ;L1_bs：栅槽渐扩段长度       ;h4_bs：栅后超高          ;L2_bs：栅槽渐缩段长度
    ;Lbs_bs：格栅段长度          ;h_bs：栅后总高           ;dust_bs：每日栅渣量
    (setq qmax (nth 0 list_bs));取得最大流量 m^3/s
    (setq ang_bs (ang2rad (nth 1 list_bs))); 取得格栅倾角并转为弧度
    (setq dist_bs (nth 2 list_bs));取得栅条间距,m
    (setq h2_bs (nth 3 list_bs));取得栅前水深,m
    (setq v2_bs (nth 4 list_bs));取得过栅流速,m/s
```

```
(setq wid_bs (nth 5 list_bs));取得栅条宽度,m
(setq type_bs (nth 6 list_bs));取得格栅类型,1,2,3,4,5,见 kexi_bs()
(setq coef_bs (nth 7 list_bs));取得格栅污堵阻力系数
;(setq h4_bs (nth 8 list_bs));取得栅后超高,m
(setq wid_pdit (nth 8 list_bs));取得栅前渠宽,m
(setq h1_bs (nth 9 list_bs));取得栅前超高,m
;上面这段程序可以做成独立的数据输入模块，比如，做成对话框驱动和数据获取模块
;核算栅前流速和过栅流速
(setq v1_bs (/ qmax (* wid_pdit h2_bs 1.0)))
(if (or (< v1_bs 0.4) (> v1_bs 0.9));检测栅前流速(0.4, 0.9m/s)
    (progn (alert "v1_bs: Invalid velocity !") (exit));end progn
);end if:栅前流速不在合法范围内则退出程序
(if (or (< v2_bs 0.6) (> v2_bs 1.0))
    (progn (alert "v2_bs: Invalid velocity !") (exit));end progn
);end if:检测过栅流速(0.6, 1.0m/s)

;计算格栅间隔数 n_bs: (read (rtos number [mode [precision]]))是取最大的截尾方法
(setq n_bs (read (rtos (+ (/ (* qmax (sqrt (sin ang_bs))) (* dist_bs h2_bs v2_bs)) 0.5) 2 0)))
(setq wid_dit (+ (* (1- n_bs) wid_bs) (* dist_bs n_bs)));栅槽总宽 wid_dit
;计算格栅水头损失 h3_bs
(if (/= (kexi_bs type_bs wid_bs dist_bs) 0)
    (setq h3_bs (* coef_bs (/ (*    (kexi_bs type_bs wid_bs dist_bs)
                                    (expt v2_bs 2.0)
                                    (sin    ang_bs))
                                (* 9.8 2)))
    );end setq:if-true:h3_bs
    (prong
        (alert "kexi_bs: error calculation in esistance coefficient of bar screen !")
        (exit)
    );end progn;if-false:栅条阻力系数计算失败
);end if
;计算栅后总高 h_bs
(setq h_bs (+ h1_bs h2_bs h3_bs))
;计算格栅各部长度
(setq   L1_bs (/ (- wid_dit wid_pdit) 2.0 (zhqtan (ang2rad 20)));栅槽渐扩段长 L1_bs,20 度角
        L2_bs (/ L1_bs 2.0);栅槽渐缩段长度 L2_bs
        Lbs_bs (/ (+ h2_bs h1_bs) (zhqtan ang_bs));格栅段长度 Lbs_bs
);end setq
(if (< L1_bs 0.24) (setq L1_bs 0.24));默认格栅渐扩段为 0.24，方便施工
```

```
    (if (< L2_bs 0.12) (setq L2_bs 0.12));默认格栅渐缩段为 0.12，方便施工
    (setq L_bs (+ L1_bs L2_bs Lbs_bs 0.5 1.0));格栅槽总长度 L_bs，不包括栅槽进出水渠长
    ;计算栅渣量
    (setq dust_bs (cdust_bs qmax dist_bs));dust_bs
    ;核算实际流量是否大于最大流量
    (if (< (* dist_bs n_bs h2_bs v2_bs) (* qmax (sin ang_bs)))
         (progn (alert "End: Invalid design for the flow !") (exit));end progn
    );end if

    (list n_bs dist_bs wid_dit h1_bs h2_bs h3_bs h_bs L1_bs L2_bs Lbs_bs L_bs dust_bs
v1_bs wid_pdit ang_bs);作为函数返回值
);end defun calc_bs
; (calc_bs '(0.2 60 0.021 0.45 0.9 0.01 1 3 0.65 0.4))
; (22 0.021 0.672 0.4 0.45 0.123731 0.973731 0.24 0.12 0.490748 2.03608 0.156555 0.683761
0.65 1.0472)
```

2）格栅示意图的绘制程序

```
(defun draw_bs(lst_bs / tmp z_scale z_ctr z_ref pt1 pt2 list_pt ss_bs z_offset)
    ;绘制格栅:注意这个 lst_bs 与 calc_bs 中的不一样
    ;lst_bs：格栅参数            ;zscale：绘图比例
    ;zctr：屏幕中心点            ;z_ref：绘图参考点
    (foreach tmp lst_bs
   (if (minusp tmp) (progn (alert "calc_bs: error !")(exit)))
    );end foreach:检验格栅计算结果，负值说明错误，退出程序
    (c:de_set);设置环境变量
    (command "erase" "all" "");清除绘图窗口
    (command "limits" '(0 0) '(420 297) "zoom" "a" "");设置图形界限，还可以更详细
    (setq z_scale 10.0
  z_offset 5.0
  z_ctr (getvar "viewctr")
  z_ref (list 0 (+ (* z_scale (+ (nth 3 lst_bs) (nth 4 lst_bs))) (cadr z_ctr) z_offset));
    );end setq;z_ref:以立面图中格栅进水渠矩形左上角点为绘图参考点
              ;z_offset：y 轴相对屏幕中心的向上偏移量

    ;先画立面图，默认进、出水渠段均为 0.5 m
    (command "rectangle" z_ref
                  (list (* (+ 0.5 (nth 7 lst_bs)) z_scale)
                (+ (cadr z_ctr) z_offset)
            );end list
    );end command:画到栅槽渐扩部尾
```

```
(setq ss_bs (ssget "l"));0-矩形加入 ss_bs:提问：为什么要用 setq 而不是直接用 ssadd?
(command "line" (list (* 0.5 z_scale) (+ (cadr z_ctr) z_offset))
                    (polar z_ref 0 (* 0.5 z_scale))        ""
);end command:画栅槽渐扩起始竖线
(ssadd (entlast) ss_bs);1-栅槽渐扩起始竖线加入 ss_bs
(command "line" (polar z_ref (* pi 1.5) (* (nth 3 lst_bs) z_scale))
          (list (* (+ 0.5 (nth 7 lst_bs) 0.5 (/ (nth 4 lst_bs) (zhqtan (last lst_bs)))) z_scale 1.0)
             (- (cadr z_ref) (* (nth 3 lst_bs) z_scale 1.0))
          )
          ""
);end command:画栅前水位线
(ssadd (entlast) ss_bs);2-栅前水位线加入 ss_bs
(command "line" (polar z_ref 0 (* (+ 0.5 (nth 7 lst_bs)) z_scale));渐扩末端为起点
         (polar z_ref 0 (* (+ 0.5 (nth 7 lst_bs) 0.5 (nth 9 lst_bs) 1.0) z_scale));栅槽渐缩点
         ""
);end command:画栅槽最宽段顶线
(ssadd (entlast) ss_bs);3-栅槽最宽段顶线
(command "rectangle" (cdr (assoc 11 (entget (entlast))))
                   (list (* (+ (nth 10 lst_bs) 0.5 0.5) z_scale)
                 (- (+ (cadr z_ctr) z_offset) (* (nth 5 lst_bs) z_scale)));
);end command:画渐缩起始至栅槽末的矩形
(ssadd (entlast) ss_bs);4-渐缩起始至栅槽末的矩形
(command "line" (polar (cadr (get_plvertex (entlast))) pi (* 0.5 z_scale))
             (polar (caddr (get_plvertex (entlast))) pi (* 0.5 z_scale))
             ""
);画渐缩末端竖线
(ssadd (entlast) ss_bs);5-渐缩末端竖线
(command "line" (caddr (get_plvertex (ssname ss_bs 0)))
             (polar (caddr (get_plvertex (ssname ss_bs 0))) 0.0 (* 0.5 z_scale))
""
);end command:画栅槽底之格栅前的 0.5m
(ssadd (entlast) ss_bs);6-栅槽底之格栅前的 0.5m
(command "line" (cdr (assoc 11 (entget (entlast))))
           (list (* (+ (nth 7 lst_bs) 0.5 0.5 (/ (nth 5 lst_bs) (zhqtan (last lst_bs)))) z_scale)
              (- (cadr z_ref) (* (nth 6 lst_bs) z_scale))
             );end list:栅后槽坡底
             (cadddr (get_plvertex (ssname ss_bs 4)));画坡底至栅槽渐缩起始
""
);end command
```

```
(ssadd (entlast) ss_bs);7-坡底至栅槽渐缩起始
(command "line" (cdr (assoc 11 (entget (ssname ss_bs 6))))
            (setq pt1 (cdr (assoc 11 (entget (ssname ss_bs 2)))));取水位线末端点
""
);end command:画格栅斜线
(command "extend" (ssname ss_bs 3) (entlast) "" pt1 "");延长格栅斜线至栅槽顶
(ssadd (entlast) ss_bs);8-格栅斜线
(command "line" (setq pt2 (cdr (assoc 11 (entget (entlast)))))
            (polar pt2 ang_bs 1.0)
            "@5.0<0"    ""
);end command:画格栅超出栅槽部分
(command "line" pt1 (list (* (+ (nth 10 lst_bs) 0.5 0.5) z_scale) (cadr pt1)) "");栅后水位线
(command "move" (entlast) "" (cdr (assoc 11 (entget (entlast))))
                    ;(vlax-curve-getEndpoint (entlast));同样可取得终点
              (polar (cdr (assoc 11 (entget (entlast)))) (* 1.5 pi) (*(nth 5 lst_bs) z_scale))
""
);end command:移动栅后水位线至正确水位
(command "extend" (ssname ss_bs 8) "" (entlast) (cdr (assoc 10 (entget (entlast)))) "");延长栅后水位线至格栅
;画平面图
(setq z_ref (list 0 (- (cadr z_ctr) 20)));20：y 相对屏幕中心向下偏移 20
(command "rectangle" z_ref (list (* 0.5 z_scale)
                    (- (cadr z_ref) (* (nth 13 lst_bs) z_scale))));画进水槽矩形
(setq list_pt (get_plvertex (entlast)))
(command "pline" (cadr list_pt)
  (list (+ (car (nth 1 list_pt)) (* (nth 7 lst_bs) z_scale))
     (+ (cadr z_ref) (* (nth 7 lst_bs) (zhqtan (ang2rad 20)) z_scale))
  );画栅前渐扩段线
  (list (+ (car (nth 1 list_pt)) (* (+ (nth 7 lst_bs) 0.5) z_scale))
     ;(+ (cadr list_pt) (* (+ (nth 7 lst_bs) 0.5) z_scale));这样曾出错！
      (+ (cadr z_ref) (* (nth 7 lst_bs) (zhqtan (ang2rad 20)) z_scale))
   );画渐扩段末至格栅起始
   (list (+ (car (nth 1 list_pt)) (* (+ (nth 7 lst_bs) 0.5 (nth 9 lst_bs)) z_scale))
        (+ (cadr z_ref) (* (nth 7 lst_bs) (zhqtan (ang2rad 20)) z_scale))
   );画格栅段
   (list (+ (car (nth 1 list_pt)) (* (+ (nth 7 lst_bs) 0.5 (nth 9 lst_bs) 1.0) z_scale))
      (+ (cadr z_ref) (* (nth 7 lst_bs) (zhqtan (ang2rad 20)) z_scale))
   );画格栅后的 1.0m
   (list (+ (car (nth 1 list_pt)) (* (+ (nth 7 lst_bs) 0.5 (nth 9 lst_bs) 1.0 (nth 8 lst_bs)) z_scale))
```

```
            (+ (cadr z_ref))
        );画渐缩段
        ""
        );end command:画格栅上槽段
        (ssadd (entlast) ss_bs);9-格栅上槽段
        (command "mirror" (entlast) "" (get_mid (car list_pt) (cadddr list_pt))
                          (get_mid (cadr list_pt) (caddr list_pt))
         ""
        );镜像格栅下槽段
        (ssadd (entlast) ss_bs);10-镜像格栅下槽段
        (command "rectangle" (last (get_plvertex (ssname ss_bs 9)))
                    (polar (last (get_plvertex (entlast))) 0.0 (* 0.5 z_scale))
        );end command:画出水渠段
        (command "pline" (nth 2 (get_plvertex (ssname ss_bs 9))) (nth 2 (get_plvertex (ssname
ss_bs 10))) "");画栅槽坡顶线
        (ssadd (entlast) ss_bs);11-栅槽坡顶线
;;;       (command "offset" (/ (* (nth 5 lst_bs) z_scale) (zhqtan (last lst_bs)))
;;;                       (entlast)
;;;                       (last (get_plvertex (ssname ss_bs 10)))
;;;           ""
;;;       );end command:画栅槽坡底线
        (command "offset" (* (nth 9 lst_bs) z_scale)
              (ssname ss_bs 11)
              (last (get_plvertex (ssname ss_bs 10)))
        ""
        );end command:画格栅末端线
        (command "rectangle" (polar (nth 2 (get_plvertex (ssname ss_bs 9)))
              (* pi 1.5)
              (* (nth 1 lst_bs) z_scale)
          );end polar
              (polar (nth 3 (get_plvertex (ssname ss_bs 9)))
                  (* pi 1.5)
                  (+ (* (nth 1 lst_bs) z_scale)
                     (* (/ (- (nth 2 lst_bs) (* (nth 0 lst_bs) (nth 1 lst_bs)))
                         (- (nth 0 lst_bs) 1)) z_scale)
                  );end +;栅条宽
                );end polar
        ""
        );end command:画格栅栅条线
```

```
    (command "array" (entlast) "" "r" (- (nth 0 lst_bs) 1) 1 (* (+ (nth 1 lst_bs)
        (/ (- (nth 2 lst_bs) (* (nth 0 lst_bs) (nth 1 lst_bs))) (- (nth 0 lst_bs) 1)))    z_scale -1.0) 0 );
    (c:de_reset);取回环境变量
);end defun
;(draw_bs (calc_bs '(0.2 60 0.021 0.45 0.7 0.01 1 3 0.65 0.4)))
;
```

注意：上面这个测试表才能实现将所有程序联动运行起来。

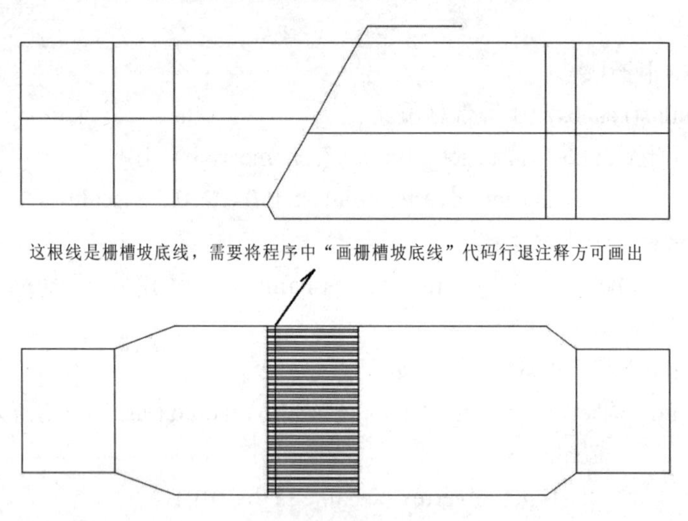

图17-1　格栅示意图

3）辅助程序

程序需要调用辅助函数kexi_bs（计算格栅栅条的阻力系数，参见实验七）、zhqtan（计算正切值）、ang2rad（将角的度数转换成弧度）、cdust_bs（计算每日栅渣量）、get_plvertex（获取多义线顶点，get_polyvert有相同的效果）和get_mid（计算并返回两点的中点）。

```
(defun ang2rad(ang);角度转换成弧度
    (setq ang (* pi (/ ang 180.0)))
);end defun
(defun zhqtan(ang / ztan);计算正切(输入弧度)
    ;(setq ang (ang2rad ang));将度转换成弧度
    (if (= (cos ang) 0)
        (progn (alert "tan: error in calculating tan by cos !") (exit));if-true: exit
        (setq ztan (/ (sin ang) (cos ang)));if-false: calculate tan
    );end if
);end defun

(defun Kz_wwater(qmax / Kz_ww);计算污水量总变化系数 Kz_ww
    (setq Kz_ww (/ 2.7 (expt qmax 0.11)));
);end defun
```

```
(defun cdust_bs(qmax dist_bs / coef_dust);计算每日栅渣量 m³/d
        (if (<= dist_bs 0.025)
                (setq coef_dust (- 0.0327 (* dist_bs 0.1667)));;if-true:栅条间隙<=0.025
                (setq coef_dust (if (< (- 0.06 dist_bs) 0.0)   0   (- 0.06 dist_bs)));;if-false
        );end if:计算栅渣系数 coef_dust
        (/ (* qmax coef_dust 86.4) (Kz_wwater qmax));计算并返回日栅渣量(m³/d)
);end defun

(defun get_plvertex(ent / entype obj vtx vtxlst n ptlst);获取多义线顶点：从左上角点开始顺时针
    (vl-load-com);load ActiveX support
    (if ent
        (progn
          (setq entype (cdr (assoc 0 (entget ent))))
          (if (or (= "POLYLINE" entype) (= "LWPOLYLINE" entype))
              (progn
                (setq obj (vlax-ename->vla-object ent));Transforms entity to vla-object
                (setq vtx (vla-get-Coordinates obj));but not the coordinates you can use directly
                (setq vtxlst (vlax-safearray->list (vlax-variant-value vtx)));get the vlaue list
                                                                        ;(x0 y0 x1 y1 x2 y2 ...)
                (setq n 0)
                (setq ptlst nil)
                (repeat (/ (length vtxlst) 2)
                        (setq ptlst (append ptlst (list (list (nth n vtxlst) (nth (1+ n) vtxlst)
                                                                  );end list-可否去掉这个 list ?
                                                          );end list
                                         );end append
                              );end setq
                              (setq n (+ n 2))
                );end repeat
                (if ptlst ptlst nil)
              );end progn
              (prompt "\n 选取的实体不是多义线!")
          );end if
        );end progn-嵌套成一个标准表，由 if 的成立条件执行
    );if
);end defun
;测试方法
;首先在图形窗口画一条 pline 或一个 rectangle，例如：
; (command "rectangle" '(0 0) '(100 200));返回 nil，之后在“控制台”测试：
```

```
;(get_plvertex (entlast));返回((0.0 0.0) (100.0 0.0) (100.0 200.0) (0.0 200.0))

(defun get_polyvert (ent / enlst entype pt_lst lst);获取多义线顶点：从左上角点开始顺时针
  (if ent
      (progn
        (setq enlst (entget ent)   entype (cdr (assoc 0 enlst)))
        (if   (= "LWPOLYLINE" entype)
              (progn
                 (foreach lst enlst (if (= 10 (car lst)) (setq pt_lst (cons (cdr lst) pt_lst))) )
                 (reverse pt_lst)
              );end progn-IS LWPOLYLINE
              (prompt "\n 选取的实体不是多义线!");nil-NOT LWPOLYLINE
           );end if
      );end progn-嵌套成一个标准表，由 if 的成立条件执行
  );if
);end defun
;功能同 get_plvertex，试着测试一下

(defun get_mid(pt1 pt2);计算并返回两点的中点
     (if (null (or pt1 pt2))
          (progn
               (alert "point is nil !")
               (exit)
          ) ;end progn-如果有一点为空则退出程序
     );end if-这个测试根本不起作用，应该放在调用 get_mid 之前
     (list   (/ (+ (car    pt1) (car    pt2)) 2.0)
          (/ (+ (cadr    pt1) (cadr    pt2)) 2.0)
     );end list
);end defun
;(setq pt1 (getpoint "enter pt1") pt2 (getpoint "enter pt2"))
;(get_mid pt1 pt2);随便哪个点为空都会出现下面错误:
;错误:  参数类型错误: numberp: nil
;就算 pt1、pt2 两个变量不为空，但若类型不对的话，if 表是检测不出来的。
```

四、实验结果

1．描述格栅设计计算过程。

2．监视图 17-1 的绘制过程。

3．描述辅助程序测试结果，说明为什么 get_mid 函数中的 if 检测会无效，函数 get_polyvert 同 get_plvertex 有什么区别。

五、实验小结

分析实验的准备和实施过程中出现的情况，对照实验结果，写出实验结论。

实验十八　水处理工程设施的自动设计

一、实验目的

1．熟悉沉淀池型式及其设计方法；
2．熟悉沉淀池的绘制方法；
3．熟悉综合性程序的集成和调试方法。

二、实验要求

1．学习各型沉淀池的绘制方法；
2．学习沉淀池的设计计算模型，采用 AutoLISP 模拟沉淀池的设计计算；
3．学习大型综合性自动设计程序的调试方法。

三、实验内容

1．沉淀池自动设计子系统的启动（Visual LISP 中启动）
（1）设置程序搜索路径（LSP 程序和 DCL 程序文件路径）；
（2）打开 Visual LISP IDE；
（3）打开 LSP 程序文件和 DCL 程序文件；
（4）Visual LISP IDE→“工具”→“界面工具”→“预览编辑器中的 DCL”；
（5）加载 LSP 程序，在“控制台”或 AutoCAD 命令窗口执行之（图 18-1）。

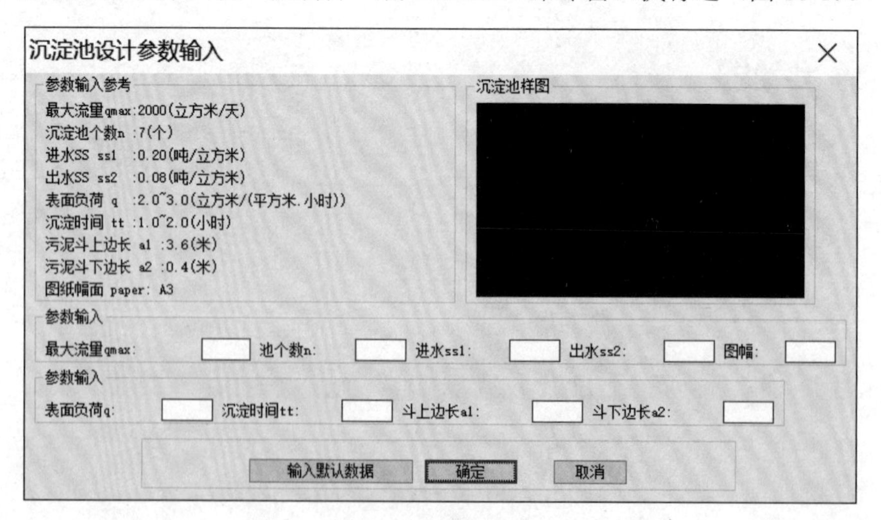

图 18-1　沉淀池设计参数输入对话框

2．沉淀池自动设计程序的调试

（1）在各型沉淀池自动设计程序中设置断点。

（2）加载程序。

（3）在命令窗口或“控制台”运行程序：

①在命令窗口，分别用命令 PINGLIU、FL、SL 和 XXL 启动平流式、辐流式、竖流式和斜管斜板式沉淀池的自动设计程序，运行至断点处再单步执行，并监视程序运行过程；

②在“控制台”，分别用标准表(C:PINGLIU)、(C:FL)、(C:SL)和(C:XXL)启动平流式（完整程序参考“附录四”）、辐流式、竖流式和斜管斜板式沉淀池的自动设计程序，运行至断点处再单步执行，并监视程序。

（4）监视各型沉淀池的自动设计过程。

3．沉淀池自动设计子系统的启动（AutoCAD 中启动）

（1）在 Visual LISP IDE 打开程序，加载、运行程序；

（2）自动绘制平流式沉淀池，确认程序测试无误；

（3）自动绘制辐流式沉淀池，确认程序测试无误（图 18-2）；

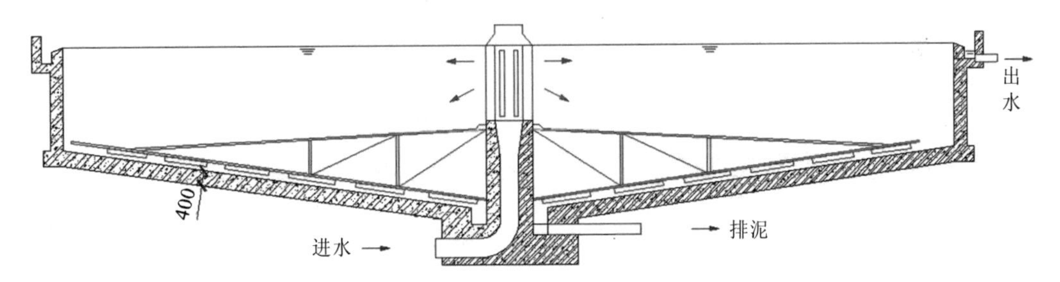

图 18-2　辐流式沉淀池

（4）自动绘制竖流式沉淀池，确认程序测试无误；

（5）自动绘制斜管斜板式沉淀池，确认程序测试无误；

（6）建立工程，将所有 LSP 程序加入工程，并设置工程特性如图 18-3 所示，再编译工程；

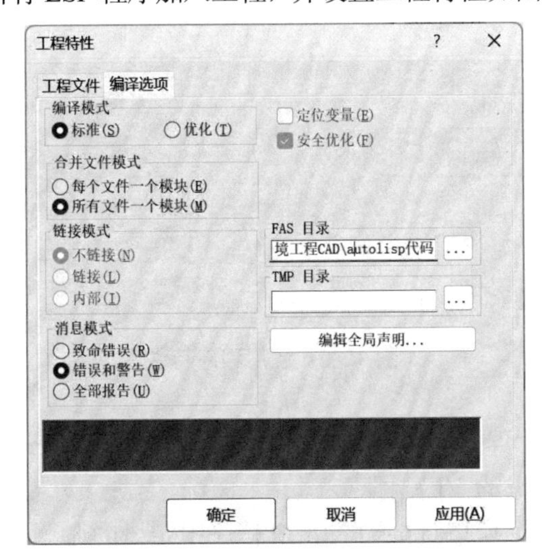

图 18-3　工程特性

（7）“文件”→“生成应用程序”→“新建应用程序向导”（图 18-4），选择“专家”模式，设置应用程序名和存储路径，并加入所有资源文件（如对话框文件、幻灯片文件等，如图 18-5 所示）一起编译生成一个 VLX 文件。

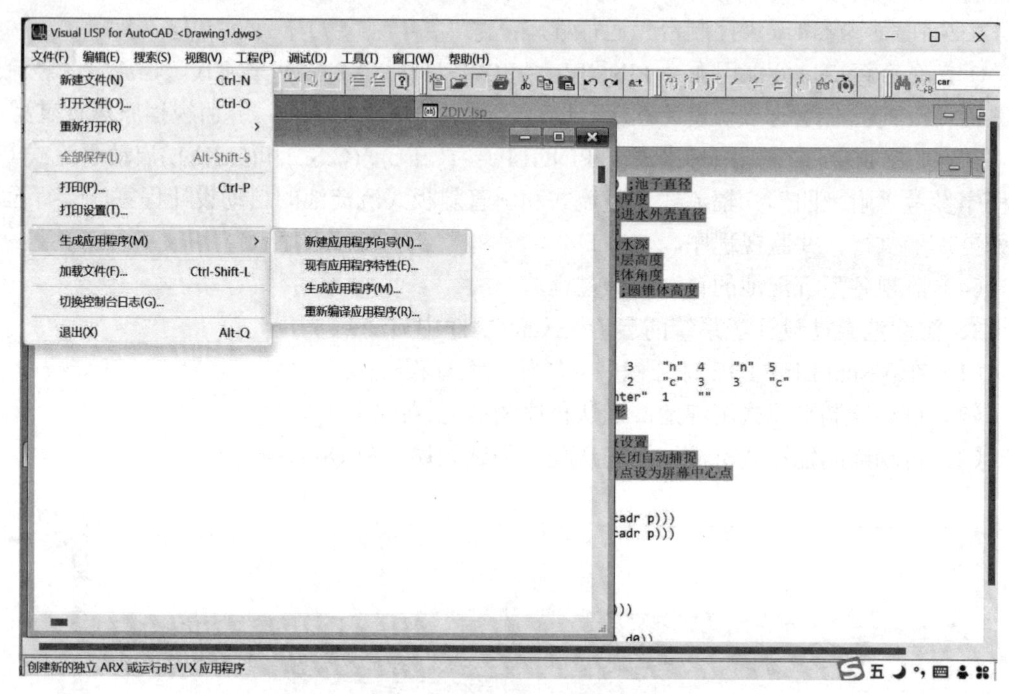

图 18-4　生成应用程序

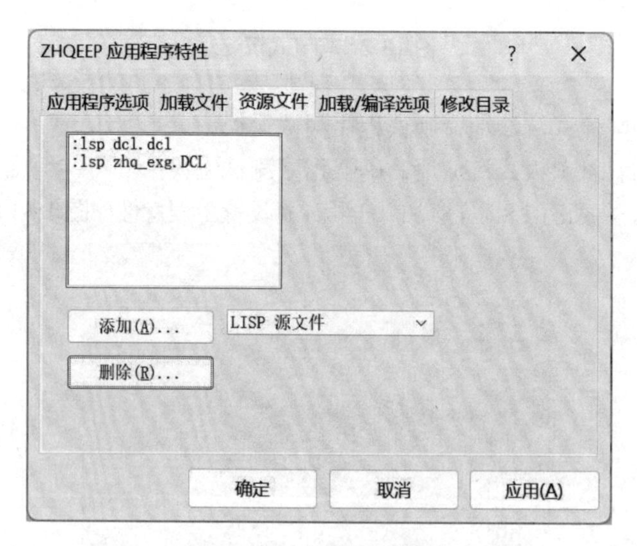

图 18-5　应用程序特性

（8）AutoCAD→“管理”→“加载应用程序”，或者直接在 AutoCAD 命令窗口输入 APPLOAD，加载上步生成的 VLX 程序。

（9）在 AutoCAD 命令窗口直接输入 LSP 程序中定义的命令，就可以执行程序。

将多个程序和资源文件收入工程文件，然后一起编译成一个可执行文件（生成应用程序），可以方便程序的管理和运行。步骤（8）中使用的程序加载方法仍是交互式的，如果希望 AutoCAD 在启动的时候就自动加载应用程序，可以在安装目录下的 SUPPORT 文件夹中找到应用程序自动加载控制的程序文件：acad20XX.lsp（如果 AutoCAD 是 2020 版，则 XX 为 20），其内容如下：

```
(if (not (=   (substr (ver) 1 11) "Visual LISP")) (load "acad2020doc.lsp"))
(load "ZHQEEP.vlx");这行是要自己加上的，文件名就是要自动加载的 VLX 程序
;; Silent load.
(princ)
```

四、实验结果

1. 描述平流式沉淀池自动设计过程。
2. 描述辐流式沉淀池自动设计过程。
3. 描述竖流式沉淀池自动设计过程。
4. 描述斜管斜板式沉淀池自动设计过程。

五、实验小结

分析实验的准备和实施过程中出现的情况，对照实验结果，写出实验结论。

实验十九　大气污染控制工程设备的自动设计

一、实验目的

1．熟悉旋风除尘器的运行原理；

2．熟悉旋风除尘器的设计和选型方法；

3．熟悉旋风除尘器的设计计算。

二、实验要求

1．学习干式旋风除尘器的运行原理；

2．学习干式旋风除尘器的设计和选型方法；

3．学习旋风除尘器的设计模型，采用AutoLISP模拟设计计算。

三、实验内容

1．旋风除尘器简介

旋风除尘器由进气管、排气管、圆筒体、圆锥体和排灰管组成。它的结构简单，易于制造、安装和维护管理，设备投资和操作费用较低，适用于非黏性及非纤维性粉尘的去除。旋风除尘器属于中效除尘器，适宜去除粒径大于5 μm的粒子，工程上多用于高温烟气的净化。

含尘气体由切向进气口进入旋风除尘器时（图19-1），气流将由直线运动变为圆周运动。旋转气流的绝大部分沿器壁自圆筒体呈螺旋形向下、朝锥体流动，通常称此为外旋气流。含尘气体在旋转过程中产生离心力，将相对密度大于气体的尘粒甩向器壁。尘粒一旦与器壁接触，便失去径向惯性力而靠向下的动量和重力沿壁面下落，进入排灰管。旋转下降的外旋气体到达锥体时，因圆锥形的收缩而向除尘器中心靠拢。根据“旋转矩”不变原理，其切向速度不断提高，尘粒所受离心力也不断加强。当气流到达圆锥体的某一位置时，即以同样的旋转方向从旋风分离器中部，由下反转向上，继续做螺旋性流动，即内旋气流。最后净化气体经排气管排出管外，一部分未被捕集的尘粒也一起排出。进气的一小部分沿顶盖流动，然后沿排气管外壁向下流动，到达排气管下端时即反转向上，随上升的中心气流一同从排气管排出，其中的尘粒也一起排出。

旋风除尘器的性能可由相关技术指标（如处理气体量Q、分离效率η及阻力损失ΔP）和经济指标（如基建投资和运转管理费、占地面积及使用寿命等）来衡量。在设计和选型时，要根据实际情况（如气体性质、含尘浓度、颗粒性质及粒度分布等）处理好有关技术指标与经济指标的关系。

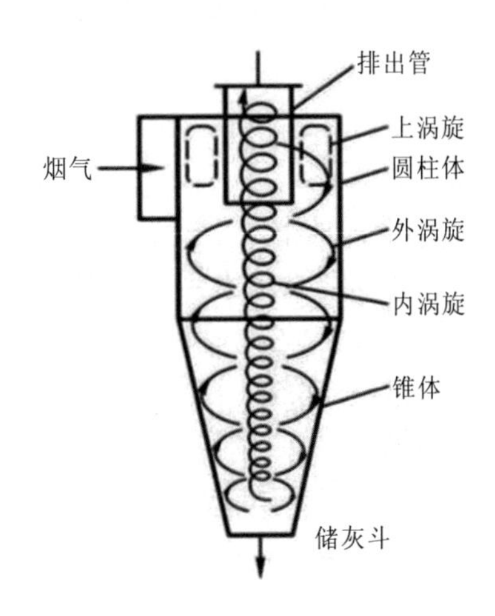

图 19-1 旋风除尘器

2．旋风除尘器的设计和选型方法

旋风除尘器选型一般采用计算法或经验法。

（1）计算法

①由旋风除尘的进口和出口含尘浓度（或排放标准）计算出要求达到的除尘效率η；

②结合流体性质及安装场所等条件，选定旋风除尘器的结构型式；

③根据所选除尘器的分级效率η_d和粉尘的颗粒分散度，计算所选除尘器能够达到的除尘效率η_T，若$\eta_T>\eta$，说明设计满足要求，否则应该选择更高性能的旋风除尘器或改变运行参数；

④计算运行条件下的阻力损失ΔP。

（2）经验法

①计算所要求的除尘效率η；

②选定除尘器的结构形式；

③根据所选除尘器的η-v_i试验曲线确定入口风速v；

④根据处理气流量Q和入口风速v计算出所需除尘器的进气口面积A；

⑤由旋风除尘器的类型系数$K=A/D^2$求出除尘器的筒体直径D，然后便可从手册中查到所需除尘器的型号规格。

3．旋风除尘器的设计计算

（1）进气口截面积的计算

$$A=\frac{Q}{3\,600v_1}$$

式中，Q为进气量，m^3/h；A为进气口截面积，m^2；v_1为进口风速，m/s。

进气口参数（高度、宽度）和筒体直径等的计算需要根据旋风除尘器的形式而定，具体可查设计手册确定。

（2）压力损失或进气流速的估算

评价旋风除尘器性能的一个重要指标是气流通过旋风除尘器时的压力损失（ΔP，Pa），它与除尘器的结构、运行条件等参数有关。实验表明，旋风除尘器的压力损失一般与进气流速的平方成正比：

$$\Delta P = 0.5\zeta\rho v_1^2$$

式中，ΔP 为压力损失，Pa；ρ为气体密度，kg/m^3；v_1 为气体入口速度，m/s；ζ为局部阻力系数。几种常用的旋风除尘器的局部阻力系数如下。

除尘器类型	XLP/A	XLP/B	XLT/A	XLT
ζ(局阻系数)	8.0	5.8	6.5	5.3

在缺少实验数据时可用下式估算：

$$\zeta = 16A/d_e^2$$

式中，A 为旋风除尘器气体进口面积，m^2；d_e 为排气管直径，m。

（3）分割粒径的计算

$$d_{c50} = \frac{3}{v}\cdot\left(\frac{r_e}{R}\right)^n \sqrt{\frac{\mu Q}{\pi\rho\left(h_1 - s + \frac{R-r_e}{R-r_0}h_2\right)}}$$

式中，r_e为旋风筒排气管半径，m；r_0为旋风筒卸灰管半径，m；R为旋风筒半径，m；h_1为旋风筒筒体高度，m；h_2为旋风筒锥体高度，m；s为旋风筒排气管插深，m；n为旋涡指数，$n = 1-(1-0.668\mathrm{D}^{0.14})(T/283)^{0.3}$。

μ为流体黏度（Pa·s），$\mu = 1.724\times10^{-5}\times\frac{380}{380+t}\left(\frac{T}{273}\right)^{\frac{3}{2}}$，$T = t+273$；$\rho$为粉尘密度。

（4）除尘效率

1）分级除尘效率

$$\eta_d = 1-\exp\left[-0.693\left(\frac{d_p}{d_{c50}}\right)^{\frac{1}{n+1}}\right]$$

2）综合除尘效率

$$\eta = k + (1-k)R_g(d_{c50})$$

式中，k为分离系数；$R_g(d_{c50})$为流体中大于旋风筒临界分离粒径的颗粒占全部颗粒的百分比。

$$k = \frac{A(1+u)}{b}\left\{R_0 - \left[R^{n+1} - \frac{(n+1)\theta}{2\pi}\cdot\frac{r_e^{2n}}{R^n}\cdot\frac{ab}{\left(h_1 - s + \frac{R-r_e}{R-r_0}h_2\right)}\right]^{\frac{1}{n+1}}\right\}$$

式中，A 为比例系数，当进口粉尘粒度沿径向均匀分布时，A=0.5；u 为流体固气比，单位容积流体中固体与气体成分的质量之比，$u=c/\rho$；R_0 为蜗壳距旋风筒中心的最大垂直距离，m；θ为蜗壳偏心角，rad。

4．旋风除尘器的智能计算

```
(defun zcdeduster(qws velo ztype / zarea)      ;;程序根据气流量和压力损失设计旋风除尘器
    ;;qws-m3/h;velo-m/s;zarea-m2;;qws-工况流量
    (if (< 0.0 (* qws velo));数据有效性判断
        (progn
            (setq zarea (/ qws velo 3600 1.0)) ;;旋风除尘器入口面积
            (cdsize zarea ztype);;旋风除尘器结构设计函数
        );;end progn-数据无误
        nil
    );;end if-数据甄别
);end defun-zcdeduster
;;;b-进口宽度;;h-进口高度;;D-筒体直径;;de-排筒直径
;;L-筒体长度;;H-锥体高度;dd-排尘口直径;;返回除尘器的参数
;;;(zcdeduster 5000 16 "XLPA")
;;;(0.164108 0.510295 0.654958 0.393034 0.884178 1.63725 0.193865)
;;;(zcdeduster 5000 16 "XLPB")
;;;(0.208302 0.416604 0.693849 0.416309 1.1794 1.5957 0.298458)
;;;(zcdeduster 5000 16 "XLTA")
;;;(0.186205 0.465807 0.717419 0.430451 1.62134 1.43484 0.215078)
;;;(zcdeduster 5000 16 "XLTB")
(defun zvelo(deta_p ru ztype);;根据压力损失计算旋风除尘器进口气流速度
    ;;;deta_p：pa;;;ru：kg/m3;;;ztype:"XLPA"-8.0;;;"XLPB"-5.8;;"XLTA"-6.5;;;"XLTB"-5.3
    (if (= 0.0 (* deta_p ru))
        (progn (alert "parameter error!") (exit));end progn-true
        (cond
            ((= ztype "XLPA") (sqrt (/ (* 2.0 deta_p) (* 8.0 ru))));;;end COND-XLPA
            ((= ztype "XLPB") (sqrt (/ (* 2.0 deta_p) (* 5.8 ru))));;;end COND-XLPB
            ((= ztype "XLTA") (sqrt (/ (* 2.0 deta_p) (* 6.5 ru))));;;end COND-XLTA
            ((= ztype "XLTB") (sqrt (/ (* 2.0 deta_p) (* 5.3 ru))));;;end COND-XLTB
            (t                    (exit))
        );end cond
    );end if
);end defun zvelo-enterance velocity
;;;(zvelo 1500 1.3 "XLPA")
;;;16.9842 m/s
;;;(zvelo 1500 1.3 "XLPB")
```

```
;;;19.9469 m/s
;;;(ZVELo 1500 1.3 "XLTA")
;;;18.8422 m/s
;;;(ZVELo 1500 1.3 "XLTB")
;;;20.8666 m/s
(defun cdsize(zarea ztype);;b-进口宽度;;h-进口高度;;D-筒体直径;;de-排筒直径
                                     ;;L-筒体长度;;HC-锥体高度;dd-排尘口直径
     (cond
        ((= ztype "XLPA") (list (* 0.557 (sqrt zarea));b
                                (* 1.732 (sqrt zarea));h
                                (* 2.223 (sqrt zarea));D
                                (* 1.334 (sqrt zarea));de
                                (* 3.001 (sqrt zarea));L
                                (* 5.557 (sqrt zarea));HC
                                (* 0.658 (sqrt zarea));dd
                           );end list
        );;COND-XLPA
        ((= ztype "XLPB") (list (* 0.707 (sqrt zarea));b
                                (* 1.414 (sqrt zarea));h
                                (* 2.355 (sqrt zarea));D
                                (* 1.413 (sqrt zarea));de
                                (* 4.003 (sqrt zarea));L
                                (* 5.416 (sqrt zarea));HC
                                (* 1.013 (sqrt zarea));dd
                           );end list
        );;COND-XLPB
        ((= ztype "XLTA") (list (* 0.632 (sqrt zarea));b
                                (* 1.581 (sqrt zarea));h
                                (* 2.435 (sqrt zarea));D
                                (* 1.461 (sqrt zarea));de
                                (* 5.503 (sqrt zarea));L
                                (* 4.87   (sqrt zarea));HC
                                (* 0.73   (sqrt zarea));dd
                           );end list
        );;COND-XLTA
        ((= ztype "XLTB") (list (* 0.756 (sqrt zarea));b
                                (* 1.323 (sqrt zarea));h
                                (* 3.704 (sqrt zarea));D
                                (* 2.148 (sqrt zarea));de
```

```
                                (* 5.926 (sqrt zarea));L
                                (* 4.815 (sqrt zarea));HC
                                (* 0.537 (sqrt zarea));dd
                            );end list
        );;COND-XLTB
        (t                      nil)
      );end cond
);end defun;;cdsize
;;排筒插深以略低于进口下沿为宜
;;;(cdsize 0.0863 "XLPA")
;;;(0.163629 0.508807 0.653048 0.391887 0.8816 1.63247 0.1933)
;;;(cdsize 0.0863 "XLPB")
;;;(0.207694 0.415389 0.691825 0.415095 1.17596 1.59105 0.297588)
;;;(cdsize 0.0863 "XLTA")
;;;(0.185662 0.464448 0.715327 0.429196 1.61661 1.43065 0.214451)
;;;(cdsize 0.0863 "XLTB")
;;;(0.222089 0.388656 1.08812 0.631015 1.74087 1.4145 0.157754)

(defun kexi(a_ent d_exit);计算机旋风除尘器的局部阻力系数
      (if (= 0.0 (* a_ent d_exit 1.0))
        nil                     ;return nil if parameter error!
        (/ (* 16.0 a_ent) (expt d_exit 2.0));return kexi
      );end if
);end defun kexi

(defun ivortex(cddiam airtemp);;计算旋涡指数 cddiam-旋风筒直径;;airtemp-气流温度，℃;;
                              ;;主要与旋风筒结构参数有关。结构相同的旋风筒，
                              ;;尽管入口风速并不相同，但旋涡指数基本不变。
                              ;;一般认为，旋风除尘器旋涡指数 n 介于 0.5～0.9，
                              ;;具体数值是以筒体尺寸为特征长度的函数。
      ;(expt number power);;调用格式
      (- 1.0 (* (- 1.0 (* 0.668 (expt cddiam 0.14)))
             (expt (/ (+ airtemp 273.15) 283) 0.3)
         )
      );end -
);end defun-ivortex
;;(ivortex 1 150);0.625415
;;(ivortex 1 20);;0.664472
(defun dc50(qws velo cd_lst airtemp / b h D de L HC dd tmp mu ru);;计算临界分离粒径
```

```
    ;;cd_lst 参看 cdsize 函数;;b-进口宽度;;h-进口高度;;D-筒体直径;;de-排气筒直径
    ;;qws-m3/h;;velo-m/s    ;;L-筒体长度;;HC-锥体高度;dd-卸灰管直径
    (setq de (nth 3 cd_lst)
          D    (nth 2 cd_lst)
          L    (nth 4 cd_lst)
          h    (nth 1 cd_lst)
          HC   (nth 5 cd_lst)
          dd   (nth 6 cd_lst)
          mu   (air_visc airtemp)
          ru   2600        ;;粉尘真密度;;缺陷
    );end setq
    (setq tmp (expt (/ (* mu (/ qws 3600 1.0))
                       (* pi ru (+ L (* -1.25 h) (* HC (/ (- D de) (- D dd)))))
                    )
                    0.5
              );end expt
    );end setq
    (* (/ 3.0 velo) (expt (/ de D 1.0) (ivortex D airtemp)) tmp)
);end defun dc50-依据筛分理论-切流反转式除尘器-川大版公式 4-29
;;(dc50 9000 20 (zcdeduster 9000 20 "XLTA") 20);;5.42101e-006m;;4.29e-6m
;;(dc50 9000 20 (zcdeduster 9000 20 "XLTA") 150);;5.53486e-006m;;20221010 测试
;;(dc50 9000 20 (zcdeduster 9000 20 "XLTA") 150);;6.28222e-006m;;20221019 测试
;;(dc50 9000 20 (zcdeduster 9000 20 "XLTA") 20);;5.37826e-006m;;20221019 测试

(defun RosinRam(dp dc50 idistr);计算 Rosin-Rammler 分布，即粒径大于 dp 的颗粒百分数
    ;dp-粒径;dc50-分割粒径;idistr-分布指数;参考川大版-大气污染控制工程-公式 3-65
    (exp (* -0.693 (expt (/ dp dc50 1.0) idistr)));分级除尘效率
);end defun-分级效率
; (- 1 (rosinram 1 0.11 0.5));0.876248

(defun stmcdf(dp dc50 ivortex);利用水田-木村典夫经验公式计算分级除尘效率
    (- 1 (exp (* -0.693 (expt (/ dp dc50)
                              (/ 1.0 (+ n 1.0))
                        )
              )
         )
    )
);end defun
```

```
(defun coesep(ecdis ecang cd_lst temp cdust / dvolute tmp);k:分离系数
      ;;ecdis：eccentric dist 偏心距,m;;dvolute：蜗心距(R0=R+2e);;ecang：偏心角,rad
      ;;re：排气管半径，de/2;;r0：卸灰管半径，dd/2;;h1：筒体高，L;;h2：锥体高，HC
      ;;R：筒体半径，D/2;;coeuni：比例系数，粉尘沿径向均匀分布取 0.5;;h-进气口高
      ;;;cdust-粉尘浓度,kg/m3
      (setq b   (nth 0 cd_lst)
          De   (nth 3 cd_lst)
          D   (nth 2 cd_lst)
          L   (nth 4 cd_lst)
          h   (nth 1 cd_lst)
          HC (nth 5 cd_lst)
          dd (nth 6 cd_lst)
          coeuni 0.5;;这个值目前还没找到精确计算方法
          dvolute (+ (/ D 2.0) (* ecdis 2.0))
          n   (ivortex D temp);旋涡指数
     );end setq
     (setq tmp (/ (* b h 1.0) (+ L (* -1.25 h) (* HC (/ (- D de) (- D dd) 1.0)))
               );end /
     );end setq
     (* (/ (* coeuni (+ 1.0 (/ cdust 1.29))) b)
       (- (+ (/ D 2.0) (* 2.0 ecdis))
         (expt (- (expt (/ D 2.0) (+ n 1.0))
                 (/ (* (+ n 1.0) ecang (expt (/ de 2.0) (* n 2.0)) tmp)
                   (* 2.0 pi (expt (/ D 2.0) n))
                 );end /
               );end -
               (/ 1.0 (+ n 1.0));指数项
         );end expt
       );end -
     );end *
);end defun
;(coesep 0.1 pi (zcdeduster 9000 20 "XLTA") 20 0.01);;0.483852;;0.422

(defun comefdust(k Rgdc50);计算综合除尘效率
      (+ k (* (- 1.0 k) Rgdc50))
);end defun

(defun air_visc(temp);temp-气流温度，℃;
     ;(* (/ 380 (+ 380 temp)) (expt (/ (+ temp 273.15) 273.15) 1.5) 0.00001724)
```

```
    (* (/ 380.0 (+ 380 temp)) (expt (/ (+ temp 273.15) 273.15) 1.5) 0.00001724)
);end defun air_visc
;;(air_visc 20);;1.82093e-005 Pa.s
```

四、实验结果

1. 测试旋涡指数、气流黏度、综合除尘效率。
2. 测试分离系数、分割粒径、分级除尘效率。
3. 测试旋风除尘器局部阻力系数、旋涡指数和进气口流速。
4. 测试旋风除尘器自动设计主程序。

五、实验小结

分析实验的准备和实施过程中出现的情况，对照实验结果，写出实验结论。

第四篇

AutoCAD 界面控制技术

本篇主要介绍 AutoCAD 的界面控制技术，具体包括对话框的设计与驱动，菜单控制技术等。

实验二十　AutoCAD 对话框的设计与驱动

一、实验目的

1．熟悉 AutoCAD 对话框的设计方法；

2．熟悉 AutoCAD 对话框的驱动方法。

二、实验要求

1．学习对话框驱动方法，了解对话框驱动的基本过程；

2．学习使用界面控制技术收集数据、驱动绘图。

三、实验内容

1．DCL 语言和对话框的设计

采用 DCL（Dialog Control Language）语言设计的 AutoCAD 对话框程序文件，是带有“DCL”扩展名的 ASCII 码文本文件。DCL 程序是由一系列的对话框控件组成，这些控件就包含对其功能和属性（如宽度和文本标识）的定义。因此，用户创建对话框就是要把这些控件有机地组织起来，至于其控件的布局、缩放以及选择加亮等都由 AutoCAD 自动完成，用户无须去考虑如何显示按下的按钮，或计算控件的尺寸及位置等。

DCL 控件包括常见的确定（OK）和取消（Cancel）按钮、编辑框（edit_box）、列表框（list_box）、下拉列表框（popup_list）、滑块（slider）、单选按钮（radio_button）、复选框（toggle）等。对话框程序的设计就是对这些控件的属性（如高度、宽度、焦点状态等）和功能（引用标识、控制动作）的限定。对于前者的操作，需要首先参考 AutoCAD 附带的 base.dcl 文件，它收录了 DCL 程序可以控制的所有控件（它们的定义、属性和部分引用标识）；而对于后者的操作，主要由驱动程序来完成。下面就 DCL 程序的书写（严格区分大小写）做几点说明：

（1）一个 DCL 文件可以定义多个对话框，每个对话框程序除声明部分外的所有内容都由封闭的花括号（“{}”）括起来。DCL 文件名和对话框名可以相同或不同（如 DCL 文件名 zhqdcl01.dcl 和其中所定义的对话框名 hello）。

（2）DCL 文件中可以包含一些与控件相关的基本属性：

①标签（label）是在控件的上面或旁边显示正文；

②关键字（key）唯一确定一个控件，从而使后续驱动程序能识别被选控件；

③对齐（alignment）确定控件的对齐方式，如居中（centered）、靠左（left）或靠右（right）；

④尺寸（height、width 和 edit_width 等）确定控件的高度、宽度和编辑框宽度等；

⑤焦点状态（initial_focus）确定对话框上默认获得焦点的控件，用 key 指定。

注意：DCL文件中，定义控件的文字均用小写。

（3）关键字和控件的标签毫无关系，但它们使用相同的名字会有助于记住关键字和哪个控件相对应，建议使用英文字母。

（4）AutoCAD已先定义了ok_only和cancel_only等控件，其属性定义保存在AutoCAD内部文件base.dcl中，可以引用其声明并对属性做适当修改，或派生出新控件。

（5）文件中除了控件声明行（如hello: dialog: text等）外，其他行都以“;”结束，或者说，“{}”中的代码行都要以“;”结束。

（6）文件中，单行注释前应该用“//”开始，以便与主程序分开；或者以“/*”开始并以“*/”结束多行注释。

2．对话框驱动

AutoLISP驱动对话框的步骤依次为装入、新建、初始化、用户操作、激活和卸载。

（1）装入对话框程序（例如，已经建立对话框程序文件zhq_exg.dcl）

采用语句(setq dcl_id (load_dialog "zhq_exg"))将名为zhq_exg（如果不加扩展名，系统会默认为dcl）的DCL文件装入内存，并把装入结果赋给变量dcl_id。若装入失败，屏幕上会出现一个警告框，dcl_id被赋值nil；若成功则赋给dcl_id一个用来指示该DCL文件本次安装的索引号（正整数，在AutoLISP驱动程序中应检查索引号是否大于零，以确保对话框安装成功）。

（2）新建对话框（例如，对话框程序文件zhq_exg.dcl 中定义了名为exg_dcl的对话框）

语句(if (not (new_dialog "exg_dcl" dcl_id)) (exit))实现对话框exg_dcl（对话框的名字，出现在对话框程序里的:dialog{}之前的字符串）的新建，并对新建的结果进行判别，成功则程序继续往后执行，失败则退出程序。

（3）初始化控件

初始化是定义控件的显示属性或控件被选中时的执行动作，例如，构造列表框中的表项和按钮开关状态，依据滑块随绘图的改变状况重新设置等。除可以用系统函数set_tile、action_tile、Done_dialog等触发控件之外，还可以使用自定义函数（例如，showlist给下拉列表框填入备选项、chbgcol 根据背景颜色滑块的数值修改图形控件的背景颜色、get_para获取对话框控件上的数据、predraw在图形控件上绘制根据输入的台阶参数设计的三视图），配合$key（取得控件标识）和$value（取得控件值）获取控件参数。

（4）处理用户操作

这部分可以看作根据具体情况来决定执行相应函数的过程。例如，用户在按下OK或Cancel键后，再执行用户所希望的绘制台阶三视图或取消绘图。如果用户操作较多，可以将这些操作做成模块化的程序，跟不同控件关联执行[用done_dialog函数返回对应的值（大于1的自然数，1关联OK按钮，0关联Cancel按钮）]。

（5）start_dialog（激活对话框）

在显示对话框并初始化构建以后，可用start_dialog函数激活该对话框，一旦激活后，它始终处于活动状态，接收系统函数done_dialog传回的用户操作需求。

（6）unload_dialog（卸载对话框）

卸载对话是框驱动程序所完成的最后一个任务，即释放对话框占用的内存。

3．对话框驱动实例

（1）一个简单的对话框

1）设计对话框程序

新建对话框程序文件，命名为 zhqdcl01.dcl，往其中输入以下内容：

```
hello: dialog
{
    label="hello,CAD2004";//对话框标题
    : text
    {
        label="hello,zhqxl !";
    }//对话框上显示该行文字
    ok_only;//"确认"按钮
}//END HELLO
```

和普通程序设计一样，对话框程序的设计，通常也会采用渐进式的设计方法，即先做一个最简单的版本，测试无误后，再增加功能、测试，然后完善功能、测试，不断地重复这个过程，直至程序设计达到所有需求为止。上面程序设计的对话框上仅有两个控件：文本控件（:text）和“确认”按钮（ok_only），它的设计效果可以采用对话框通用驱动方法（Visual LISP IDE→工具→界面工具→预览编辑器中的 DCL）预览，如图 20-1 所示。

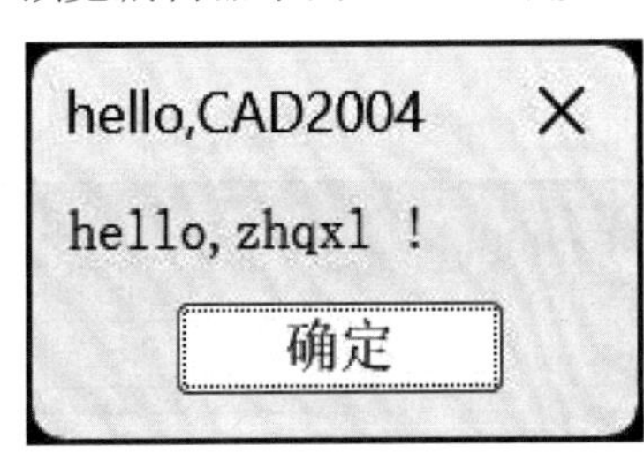

图 20-1 HELLO 对话框

2）设计驱动程序

新建 LSP 程序文件，命名为 zhqdcl01.lsp，往其中输入以下内容：

```
(defun c:hello (/ dcl_id)
    (setq dcl_id (load_dialog "D:\\...\\zhqdcl01.dcl"));...用 DCL 路径代入
    (if (not (new_dialog "hello" dcl_id))
        (exit)
    )
    (start_dialog)
    (princ)
);END DEFUN
```

注意：DCL 程序和 LSP 程序在书写格式上最明显的区别是，它不接受大写的关键字（Visual LISP IDE 中 DCL 程序文件里的蓝色文字），而 LSP 程序里的关键字（可以理解为 AutoLISP 的系统函数，通常为蓝色；自定义函数通常为黑色）不区分大小写。

3）驱动对话框

加载 zhqdcl01.lsp(注意路径)，在命令窗口输入 hello，看看是否出现如图 20-1 所示对话框。

（2）一个稍微复杂点的对话框

1）设计对话框程序

新建对话框文件，命名为 zhqdcl02.dcl,往其中输入以下内容：

```
greet:dialog
{
        label="greeting!";//对话框标题
        :edit_box
        {
                label="&Words";key    ="words";edit_width=20;
        }//编辑框，程序通过唯一标识的 key（words）引用，接收输入文字
        :edit_box
        {
                label="&Names";key    ="names";edit_width=20;
        }//编辑框
        ok_cancel;initial_focus="words";//尝试改变 initial_focus 属性为 names
//"确定"和“取消”按钮
}//end greet dialog
```

采用对话框通用驱动方法，检查 greet 对话框的设计效果是否如图 20-2 所示。

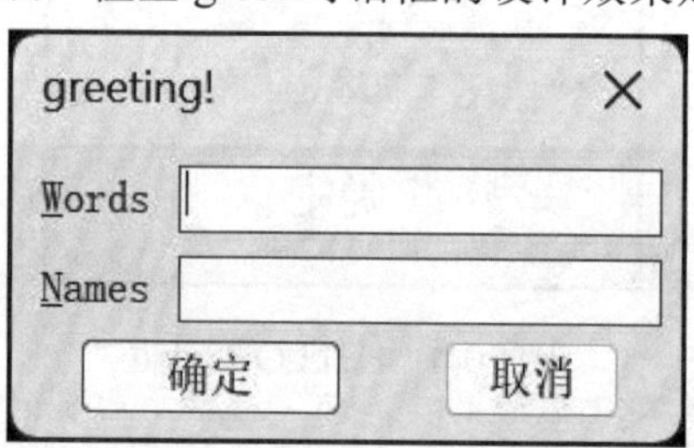

图 20-2　greet 对话框

2）设计驱动程序

新建 LSP 程序文件，命名为 zhqdcl02.lsp，往其中输入以下内容：

```
(defun c:greet (/ dcl_id text1 text2)
        (setq dcl_id (load_dialog "zhqdcl02"));装载 DCL 文件
        (if (not (new_dialog "greet" dcl_id)) (exit))
        (action_tile "words"    "(setq text1 $value)")
        ;words 编辑框有输入则触发 action_tile，启动(setq text1 $value)取得输入文字
        (action_tile "names"    "(setq text2 $value)")
        (action_tile "accept" "(zdefault) (done_dialog 1)")
        (start_dialog)
        (setq text1 (vl-string-trim " " text1) text2 (vl-string-trim " " text2))
```

```
        (if (and (> (strlen text1) 0) (> (strlen text2) 0))
            (command "text" '(100 100) 10 0 (strcat text2 "," text1 "!"));if-true
            (command "text" '(100 100) 10 0 "no greeting words or name !");if-nil
        );end if
        (command "zoom" "a")
        (unload_dialog dcl_id)
        (princ)
);end defun c:greet
```

3）驱动对话框

加载 zhqdcl02.lsp(注意路径)，在命令窗口输入 greet，看看是否出现如图 20-2 所示对话框。继续在编辑框中分别输入问候语和名字，尝试按下“确定”或“取消”按钮，观察与通用驱动方法有什么区别。

4．综合示例

设计一个对话框（图 20-3），接收正弦曲线绘制程序所需的参数（坐标原点、振幅、波长、周期），并按要求绘制正弦曲线。

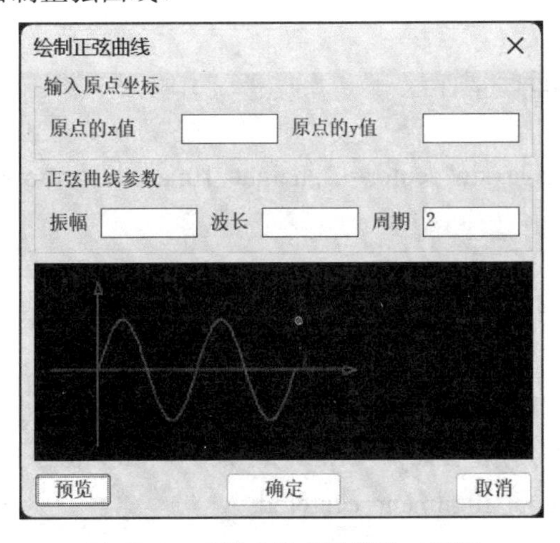

图 20-3　正弦曲线参数接收对话框

（1）模块划分

根据程序需求分析，该系统需要数据收集模块、对话框驱动模块、图形预览模块、绘图模块和功能调度模块（主程序）。

（2）对话框程序

```
sin_dcl:dialog
{
    label="绘制正弦曲线";
    initial_focus = "cor_x"; //默认获得焦点
    :boxed_column    //第一行的两个编辑框和第二行的空行（高 0.1）做成框列
    {
        label="输入原点坐标";
```

```
        :row          //两个编辑框做成一行
        {
            :edit_box{label="原点的x值";edit_width=8;key="cor_x";}
            :edit_box{label="原点的y值";edit_width=8;key="cor_y";}
        }
        :spacer{height=0.1;}
    }
    :boxed_column
    {
        label="正弦曲线参数";
        :row           //三个编辑框做成一行
        {
          :edit_box{label="振幅";edit_width=8;key="z_swing";}
          :edit_box{label="波长";edit_width=8;key="z_wavlen";}
          :edit_box{label="周期";edit_width=8;key="z_period";}
        }
        :spacer{height=0.1;}
    }
    :image{key="image_sin"; color=-2; height=10; aspect_ratio=0.5;}
    :row
    {
        alignment=centered;
        :button     //预览按钮
        {
             label="预览"; key="z_prev"; fixed_width=true;
             width=6; alignment=centered;
        }
        ok_button;         //确定按钮
        cancel_button;     //取消按钮
    }//if use finish_preview, add @include "rendcomm.dcl"
}//end defun the dialog of sin_dcl
```

（3）主程序

```
(defun c:zsin();采用对话框绘制正弦曲线
    (setvar "cmdecho" 0);关闭命令回显
    (show_dcl);调用对话框驱动程序
    (prin1)
);end defun c:zsin-这是主程序
```

（4）对话框驱动程序

```
(defun show_dcl(/ zlst);对话框驱动程序
```

```
    (setq dcl_id (load_dialog "sin_curv"));装入对话框程序文件 SIN_CURV.DCL
    (if (not (new_dialog "sin_dcl" dcl_id)) (exit))      ;新建对话框，若出错则退出程序
    (action_tile "z_prev" "(sldprev (last (get_data)))");响应“预览”，z_prev 上显示幻灯片
    (action_tile "accept" "(setq zlst (get_data)) (done_dialog 1)")    ;响应“确定”按钮
    (setq dd (start_dialog))     ;若按下“确定”，则由 done_dialog 传回 1 给 dd
    (if (= dd 1)
        (dsin zlst)
    );end if-如果有多个 done_dialog 调用，则用多分支函数 cond
    (unload_dialog dcl_id)        ;卸载对话框
)
```

（5）图形预览程序

```
(defun sldprev(period / x y);根据周期数预览正弦曲线
    (setq x (dimx_tile "image_sin"));取得图形控件的宽度
    (setq y (dimy_tile "image_sin"));取得图形控件的高度
    (start_image "image_sin")       ;开始创建图形控件
        (fill_image 0 0 x y -2);开始填充
        (cond ((= period 4) (slide_image 0 0 x y "sld_sin04"));填充幻灯片
              ((= period 3) (slide_image 0 0 x y "sld_sin03"))
              ((= period 2) (slide_image 0 0 x y "sld_sin02"))
              ( t           (slide_image 0 0 x y "sld_sin01"))
        );end cond
    (end_image);结束创建图形控件
);end sldprev
```

（6）数据收集程序

```
(defun get_data();对话框数据获取模块
      (setq p0_x (atof (get_tile "cor_x")));取得坐标原点的 x 值，默认为 0
      (setq p0_y (atof (get_tile "cor_y")));取得坐标原点的 y 值，默认为 0
      (setq swing (atof (get_tile "z_swing")))
      (if   (= 0 swing) (setq swing 20.0))          ;取得振幅值，默认为 20
      (setq wavlen (atof (get_tile "z_wavlen")))
      (if   (= 0 wavlen) (setq wavlen 40.0))        ;取得波长值，默认为 40
      (setq period (atof (get_tile "z_period")))
      (if   (= 0 period) (setq period 1.0))         ;取得周期值，默认为 1
      (list p0_x p0_y swing wavlen period);将获取的数据构造成引用表返回
);end defun get_data
```

（7）绘图程序

```
(defun dsin (zlst / p0_x p0_y swing wavlen period criterior)
      ;;;(setvar "osmode" 0 );若画出锯齿则退注释本行;(command "osnap" "non")
      (setq   p0_x      (car zlst)
```

```
        p0_y        (cadr zlst)
        swing       (caddr zlst)
        wavlen      (cadddr zlst);只能组合四级
        period      (last zlst)
    );end setq
    ;draw criterior
    (command "color" "red");设置绘图颜色
    (command "pline" (list (- p0_x (* wavlen 0.5)) p0_y) "w" 0 0
                     (list (+ p0_x (* (+ period 0.5) wavlen)) p0_y) "w" 3 0
                     (list (+ 5 p0_x (* (+ period 0.5) wavlen)) p0_y)"") ;画 x 轴
    (command "pline" (list p0_x (- p0_y (* swing 1.5))) "w" 0 0
                     (list p0_x (+ p0_y (* swing 1.5))) "w" 3 0
                     (list p0_x (+ 5 p0_y (* swing 1.5))) "")          ;画 y 轴
    ;绘正弦曲线
    (setq i 0.0)   ;设置循环初值
    (command "line")
    (repeat 101;100
        (setq criterior (list (+ (* i (/ (* period wavlen) 100.0)) p0_x)
                        (+ (* swing (sin (* i (/ pi 50) period))) p0_y);确定振幅和周期
                    );end list
        );赋多义线坐标
        (command criterior)
        (setq i (+ i 1))
    );end repeat
    (command)
    (setvar "osmode" 16383)   ;设置捕捉-全选
    (command "zoom" "a")
);end defun dsin
;;;以上 5 个 LSP 程序放在一文件里，命名为 sin_curv.lsp。
```

四、实验结果

1．描述程序 zhqdcl01.lsp 操控 hello 对话框的过程。

2．描述程序 zhqdcl02.lsp 操控 greet 对话框的过程。

3．描述综合示例中的主程序和各子模块（c:zsin、show_dcl、get_para、sldprev 和 dsin）的执行过程。

五、实验小结

分析实验的准备和实施过程中出现的情况，对照实验结果，写出实验结论。

实验二十一 AutoCAD 菜单控制技术

一、实验目的

1．了解 AutoCAD 菜单的编程原理；
2．掌握 AutoCAD 菜单的编程方法。

二、实验要求

1．学习使用 Visual LISP 进行菜单编程；
2．学会自己动手进行 AutoCAD 界面编程。

三、实验步骤

1．AutoCAD 菜单简介

软件的菜单是对计算机软件资源进行统一、高效管理和呈现的直观工具。AutoCAD2006 以前的菜单文件可以用文本文件编辑器编写，是一种混合了 DIESEL（直接解释求值字符串表达式语言）和 AutoLISP 代码的 mnu 类型文本文件（*.mnu）。AutoCAD 系统的图形界面上开辟了许多菜单区，并提供多种菜单设备（表 21-1），以便用户构造适合自己需求的菜单系统。

表 21-1 AutoCAD2004 系统提供的菜单设备

菜单设备名	说明	菜单设备名	说明
***SCREEN	屏幕菜单	***BUTTONS	按钮菜单
***POP1 … ***POP10	下拉式菜单	***TABLET1 … ***TABLET4	数字化仪菜单
***TOOLBARS	工具栏	***AUXI	辅助菜单
***ICON	图标菜单		

2．AutoCAD 菜单设计

本实验仅以常用的下拉式菜单和工具栏的设计为例，介绍 AutoCAD 菜单设计方法。

（1）下拉菜单和工具栏的标号

一个菜单从逻辑上可分为若干区，用区标号标识，每个区属于不同的菜单设备，并且包含若干用于该设备的命令。下拉菜单和工具栏在 AutoCAD2020 图形界面上的位置如图 21-1 所示，该自定义下拉菜单区标号从 1 开始，即完全替换了系统下拉菜单（POP1～POP12）。如果用户希望保留 AutoCAD 系统菜单，则自定义的菜单区标号需要设计在其之后，如

AutoCAD2004 系统菜单文件中的下拉菜单和工具栏的标号是:

```
***POP1
//下拉菜单区（AutoCAD 2004 系统中，n=1-10 是系统菜单区）
**FILE
ID_MnFile      [文件(&F)]
ID_New         [新建(&N)...    Ctrl+N]^C^C_new
…
***POP10
//最后一个下拉菜单区
**HELP
ID_MnHelp      [帮助(&H)]
ID_Help        [帮助(&H)     F1]'_help
…
***TOOLBARS      工具栏
…
```

这些标号规定了随后的各菜单项，直至下一个区标号或文件结束。用户如果希望保留 AutoCAD 系统菜单，则自定义的下拉菜单区标号应始于 POP11。

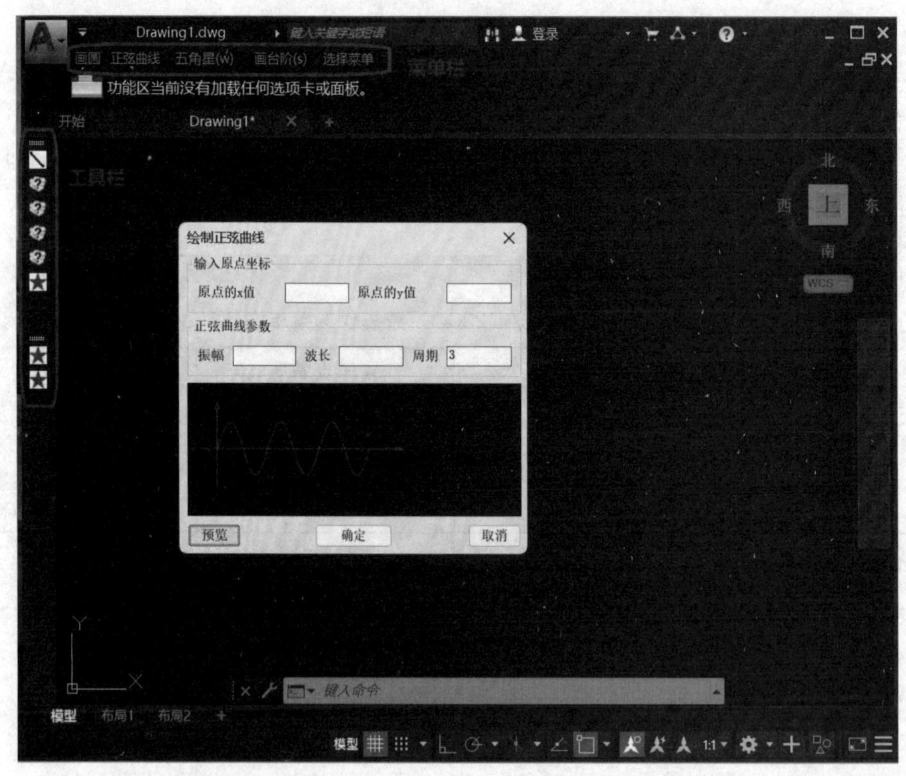

图 21-1　基于 AutoCAD2020 系统的用户自定义菜单

（2）子菜单

它是某一菜单区级联的一组菜单项，激活它可选择执行具体子菜单项。子菜单标号标志了某一子菜单的开始，格式如下：

1）**<子菜单名>

<子菜单名>是长度可达 31 个字符（包括字母、数字和专用符“￥”“-”和“——”）的字符串。子菜单标号必须占一行且其中不得嵌入空格。子菜单可含任意数目的项，但可访问的数目受菜单装置的限制，例如，一个子菜单有 21 项，但屏幕上只可显示 20 项，则最后一项不可访问。

2）子菜单项目

元素 ID　[项标题内容]<控制符><命令><\参数>

元素 ID 是用于识别菜单的唯一标记；项标题内容放在方括内，用来响应子菜单被单击时显示的子菜单项目；子菜单项目被单击后，控制符及其后的命令被执行。<命令>可以是 AutoCAD 命令（或是加上“C:”的用户自定函数名），也可以是 AutoLISP 标准表。如菜单示例中，(load "sin_curve.lsp")表示装入程序文件 sin_curve.lsp，但这种装入程序的做法太麻烦，不推荐使用。一般会将工程程序编译成 VLX 文件，在 AutoCAD 启动时自动加载；用户在设计子菜单项目时将<命令>替换成调用函数的标准表即可，例如，启动子菜单“正弦曲线”的“直接画法”子菜单项目的标准表：(dsin)。

子菜单项目中[项标题内容]后的常用符号：

“\”：等待用户输入。例如，[CIRCLE-1]CIRCLE\2，表示在画圆命令启动后输入 2 为半径。

“+”：接续符。菜单一行写不下，可在行中插入“+”，将其延续至下一行或多行。

“;”：回车

控制符：命令串中植入 ASCII 码控制字符“^”，再接另一字符构成；比如，“^c”表示取消命令（类似按下 Esc 键），“^G”表示格栅开关的翻转，“^p”表示关闭命令回显。

（3）工具栏的设计

工具栏的设计与菜单项的设计有所不同，在**<工具栏>后面定义工具栏特性和图标按钮。

1）工具栏特性定义格式：

元素 ID　[Toolbar ("tbarname", orient, visible, xval, yval, rows)]

其中各项说明如下：

Ⅰ．元素 ID：工具栏的名称标记；

Ⅱ．Toolbar：关键字，表示该行是工具栏定义；

Ⅲ．tbarname：工具栏的名称，该字符串可包括字母、数字以及连字符“-”和下划线“_”。此名称与别名配合使用，使得可以在程序中引用工具栏。

Ⅳ．orient：指定方位的关键字，可以是 Floating、Top、Bottom、Left 和 Right，不区分大小写。

Ⅴ．visible：指定可见性的关键字，有效值为 Show 和 Hide，不区分大小写。

Ⅵ．xval：按像素指定 x 坐标，即从屏幕左边到工具栏左端的距离。

Ⅶ．yval：按像素指定 y 坐标，即从屏幕上边到工具栏上端的距离。

Ⅷ．rows：指定行数。

2）工具栏图标按钮的定义格式如下：

元素 ID　[Button ("btnname", id_small, id_big)]macro

其中各项说明如下：

Ⅰ. 元素ID：名称标记；

Ⅱ. Button：关键字，表示该行是按钮定义；

Ⅲ. btnname：按钮的名称。该字符串可包括字母、数字以及连字符“-”和下划线“_”。当光标停留在该按钮上时，此字符串显示为工具栏提示。

Ⅳ. id_small：小图像资源（16×15 位图）的 ID 字符串。该字符串可以是包括字母、数字以及连字符“-”和下划线“_”的系统图标，也可以是一个用户定义的位图。

Ⅴ. id_big：大图像资源（24×22 位图）的 ID 字符串。该字符串可以是包括字母、数字以及连字符“-”和下划线“_” 的系统图标，也可以是一个用户定义的位图。

Ⅵ. macro：菜单宏（控制字符连接命令或标准表等）。

3. 菜单文件示例

（1）菜单功能

在 Visual LISP 中新建一个简单的菜单文件，命名为 testmenu.mnu，界面如图 21-1 所示，其中定义的下拉菜单和工具栏内容如下：

1）下拉菜单：

Ⅰ. “画圆”子菜单：2 个子菜单项，分别为画半径为 10 和 20 的圆；

Ⅱ. “正弦曲线”子菜单：2 个子菜单项，分别为直接画法和对话框法；

Ⅲ. “五角星(W)”子菜单：3 个子菜单项，分别为老土画法、先进画法和对比画法；

Ⅳ. “画台阶(S)”子菜单：1 个子菜单项；

Ⅴ. “选择菜单”子菜单：3 个子菜单项，分别为系统菜单、个人菜单和项目菜单。

2）工具栏：

Ⅰ. “绘图”工具栏：6 个绘图按钮：分别为“直线”“构造线”“多段线”“正多边形”“矩形”“五角星”。

Ⅱ. “显示”工具栏：2 个工具按钮：分别为“视图”和“着色”。

（2）菜单文件

将以下内容输入名为 testmenu.mnu 的菜单文件：

```
***MENUGROUP=TESTMNU
***POP1
//Creates circles with radius 1, 2, 3
**zhqcir
Circle     [画圆]^c^c
Circle-1 [Radius-1]^C^C_circle \10
Circle-2 [Radius-2]^C^C_circle \20
***pop2
**zhqsin
//画正弦曲线
Zhqsin        [正弦曲线 ]^C^C
Zhqsin-1      [直接画法 ]^C^C^P(load "sin_curve.lsp")(dsin)//^p 命令回显开关
Zhqsin-2      [对话框法 ]^C^C^P(load "sin_curv.lsp") _zsin
***pop3
```

```
**zhqwjx
Zhqwjx    [五角星(&w)]^c^c
Zhqwjx-1  [老土方法]^C^C(load "zhqwjx.lsp")(wjx)
Zhqwjx-2  [先进方法]^c^c(load "zhqwjx.lsp")(_wjx)
Zhqwjx-3  [对比画法]^c^c(load "zhqwjx.lsp") _comwjx
***pop4
**zhqstep
Zhqstep   [画台阶(&s)]^c^c
Zhqstep-1 [画台阶]^C^C(load "zhq_exg.lsp")(zhq_exg)
***pop5
**zhqmenu
Zhqmenu     [选择菜单]^c^c
Zhqmenu-1   [系统菜单]^c^c(load "chosemenu.lsp")(sysmenu)
Zhqmenu-2   [个人菜单]^c^c(load "chosemenu.lsp")(mymenu)
Zhqmenu-3   [项目菜单]^c^c(load "chosemenu.lsp")(projectmenu)
***TOOLBARS
**TB_DRAW
ID_TbDraw   [_Toolbar("绘图", _Left, _Show, 0, 0, 1)]
ID_Line     [_Button("直线", 16_15_bmp.bmp, 32_30_bmp.bmp)]^C^C_line
ID_Xline    [_Button("构造线", ICON_16_XLINE, ICON_16_XLINE)]^C^C_xline
ID_Pline    [_Button("多段线", ICON_16_PLINE, ICON_16_PLINE)]^C^C_pline
ID_Polygon  [_Button("正多边形", ICON_16_POLYGO, ICON_16_POLYGO)]^C^C_
polygon
ID_Rectang  [_Button("矩形", ICON_16_RECTAN, ICON_16_RECTAN)]^C^C_ rectang
Zhqwjx-2    [_Button("五角星", 16_15_bmpstar.bmp, 32_30_bmpstar.bmp)]^C^C(load
"zhqwjx.lsp")(_wjx)
**TB_SHOW
ID_TbShow   [_Toolbar("显示", _Right, _Show, 0, 0,1)]
ID_TbView   [_Button("视图", 16_15_bmpstar.bmp, 32_30_bmpstar.bmp)]^c^c_view
ID_Tbshade  [_Button("着色", 16_15_bmp.bmp, 32_30_bmp.bmp)]^C^C_shade
```

4．给菜单设计一个绘制正弦曲线的程序：sin_curve.LSP

```
(defun dsin();/ p1 p2 y step swing period criterior)
  (command "osnap" "non")     ;(command "osmode" 16384)
  (initget 1);1-不接受空输入
  (setq p1 (getpoint "\n 曲线起点："))
  (initget 1)
  (setq p2 (getpoint "\n 曲线终点："))
  (setq x1          (car p1)
        x2          (car p2)
```

```
    y1          (cadr p1)
    i           0.0
    step        (/ (- x2 x1) 100)     ;设置步长
    swing       20                    ;设置振幅
    period      2                     ;设置周期
);end setq
;draw criterior
(command "color" "red");设置绘图颜色
(command "pline" p1 "w" 0 0 (cons (car p2) (cdr p1)) "");画 x 轴
(command "pline" (polar p1 (/ pi 2) (* swing 3))
                 (polar p1 (* pi 1.5) (* swing 3)) "");画 y 轴
(command "line");开始绘正弦曲线
(repeat 101;100
    (setq criterior (list (+ (* i step) x1)
                          (+ (* swing (sin (* i (/ pi 50) period))) y1)
                    );end list
    );end setq
    (command criterior)
    (setq i (+ i 1))
);end repeat
(command)
;设置显示
(command "osmode" 16383)                ;设置捕捉方式-全选
(command "limits" '(0 0) '(420 297))
(command "zoom" "a")
);end defun sin_curve
```

5．用 menu 命令加载菜单文件 testmenu.mnu

单击菜单项“正弦曲线”→“直接画法”，观察出现什么情况。“对话框画法”所需 LSP 程序 sin_curv.lsp 和 DCL 程序 sin_curv.dcl 参考实验二十。设计好的菜单文件可以和系统菜单文件放在同一路径下，这样测试完自定义菜单后可以很方便地找到系统菜单文件（图 21-2）。

初次用命令 MENU 加载自定义菜单文件（*.mnu），结果如图 21-3 所示，菜单项因默认是隐藏的而看不出来，需要将其设置为“显示菜单栏”才能看到菜单设计的效果。修改后的菜单文件（*.mnu）被再次加载之前，要将同名的 mnr、mns 和 mnc 文件删除，系统才会重新生成同名的 mnr、mns 和 mnc 文件，修改的菜单内容才能生效。

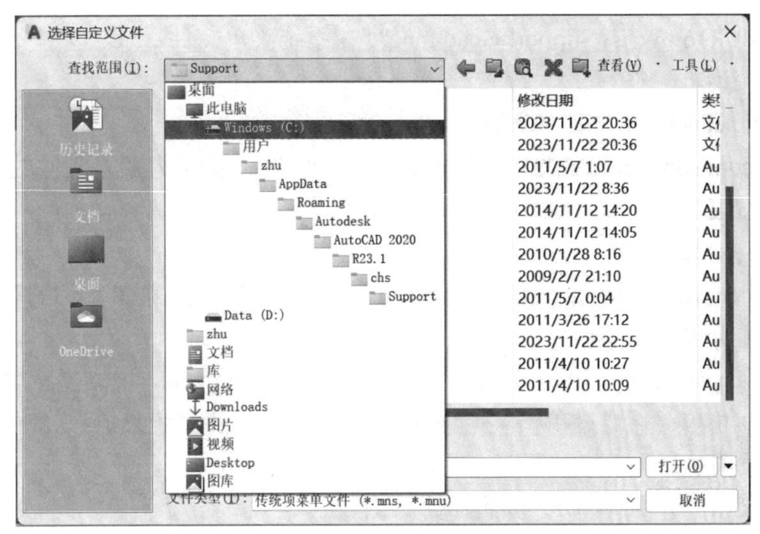

图 21-2　AutoCAD 系统菜单目录

图 21-3　设置显示菜单栏

6．再写一个加载菜单程序：chosemenu.lsp

```
(defun c:chmenu(/ cmenu)
    (princ "请选择菜单（1-AutoCAD 菜单，2-个人菜单，3-项目菜单）：")
    (setq cmenu (getint))
    (cond ((= cmenu 1)   (sysmenu))
          ((= cmenu 2)   (mymenu))
          ((= cmenu 3)   (projectmenu))
    );end cond
);菜单选择界面
(defun sysmenu()
     (command "menu" "C:\\Documents and Settings\\zhq\\Application Data\\Autodesk\\
```

```
AutoCAD 2004\\R16.0\\chs\\Support\\acad.mnc" "");系统菜单文件目录
    );加载系统菜单
    (defun mymenu()
            (command "menu" "D:\\...\\mymenu.mnu" "");…指个人菜单文件的存放路径
    );加载系统菜单
    (defun projectmenu()
            (command "menu" "D:\\...\\myacad.mnu" "");...指项目菜单文件的存放路径
    );加载工程菜单
```

加载程序 chosemenu.lsp 后，先在命令窗口输入命令 chmenu，根据提示输入 1、2 或 3，加载 AutoCAD 菜单；再通过单击菜单项（“选择菜单” → “系统菜单”、“项目菜单”、“个人菜单”）加载菜单。

7．自定义用户界面（CUI）编辑器

AutoCAD2006 之后，可以通过自定义用户界面编辑器(用命令 CUI 打开如图 21-4 所示的界面)直观、便捷地设计 AutoCAD 的用户界面。如增加子菜单“水处理”，并增加子菜单项“平流式沉淀池”，先右击“所有自定义文件”列表框中“菜单”项，在弹出菜单中选择“新建菜单”，将它重命名为“水处理”，再单击图 21-4 中“创建新命令”按钮，将“命令名”设置为平流式沉淀池，菜单宏设置为^C^C_PINGLIU。如果沉淀池绘制程序没有编辑成 VLX，则用(LOAD "MYSEDPOOL.LSP")(C:PINGLIU)替换前面菜单宏里的 PINGLIU。最后将新建的命令拖放到“水处理”子菜单下。

图 21-4　自定义用户界面编辑器

四、实验结果

按照实验过程写出实验结果。

五、实验小结

分析实验的准备和实施过程中出现的情况，对照实验结果，写出实验结论。

附　录

附录一 AutoCAD 交互式绘图常用命令

1	LINE	画直线	37	SOLID	实体填充
2	XLINE	画双向构造线	38	REGEN	重新生成
3	RAY	画射线	39	TEXT	单行文本
4	PLINE	画多义线	40	DDEDIT	单行文本编辑
5	SPLINE	画样条线	41	MTEXT	多行文本
6	MLINE	画多线	42	MTEDIT	多行文本编辑
7	POLYGON	画正多边形	43	QTEXT	文字快显
8	CIRCLE	画圆	44	DIMLINEAR	线性标注
9	RECTANGLE	画矩形	45	DIMALIGNED	对齐标注
10	DONUT	画圆环	46	DIMBASELINE	基线标注
11	ARC	画圆弧	47	DIMRADIUS	标注半径
12	ELLIPSE	画椭圆/弧	48	DIMDIAMETER	标注直径
13	TRACE	画迹线	49	DIMANGULAR	标注角度
14	SKETCH	徒手画	50	AREA	查询对象面积
15	POINT	画点	51	ID	查看点坐标
16	ERASE	删除	52	LIST	查看对象属性
17	UNDO	撤销	53	PROPERTIES	对象属性列表
18	REDO	重做	54	DDMODIFY	修改对象特性
19	COPY	复制	55	MATCHPROP	属性匹配
20	MOVE	移动	56	HATCH/BHATCH	图案填充
21	MIRROR	镜像	57	FILL	填充开关
22	ARRAY	阵列	58	MLSTYLE	多线样式
23	ALIGN	对齐	59	MLEDIT	多线编辑
24	OFFSET	偏移	60	ORTHO	正交
25	ROTATE	旋转	61	PEDIT	编辑多义线
26	TRIM	修剪	62	SHAPE	形
27	STRETCH	拉伸	63	BREAK	打断
28	LENGTHEN	延长	64	DIVIDE	等分
29	EXTEND	延伸	65	MEASURE	测量
30	CHAMFER	倒斜角	66	BLOCK	块
31	FILLET	倒圆角	67	INSERT	插入块
32	ZOOM	缩放	68	EXPLODE	打散块
33	SCALE	比例缩放	69	OPTIONS	选项
34	GRID	格栅	70	DIMSTYLE	标注样式
35	PAN	平移	71	STYLE	文字样式
36	LIMITS	图限	72	LAYER	图层操作

73	OSNAP	对象捕捉模式	90	EXTRUDE	拉伸
74	LINETYPE	线型管理器	91	SLICE	剪切
75	TOOLBAR	自定义工具栏	92	ORBIT	三维动态观察
76	UNITS	图形单位	93	3DCORBIT	三维连续观察
77	OSMODE	捕捉参数设置	94	SHADE	着色
78	DIMLFAC	比例因子	95	SHADEMODE	视觉样式
79	mid	捕捉中点	96	INTERSECT	交集（三维）
80	end	捕捉端点	97	UNION	并集
81	cen	捕捉圆心	98	SUBTRACT	差集
82	tan	捕捉切点	99	LOFT	放样
83	per	捕捉垂足	100	TORUS	圆环体
84	qua	捕捉象限点	101	SPHERE	球体
85	int	捕捉交点	102	CONE	圆锥
86	nod	捕捉节点	103	CYLINDER	圆柱
87	VIEW	视图	104	WEDGE	楔体
88	VPOINT	罗盘	105	BOX	长方体
89	REVOLVE	旋转	106	PYRAMID	棱锥

说明：

1．熟记AutoCAD交互式绘图常用命令、熟练掌握AutoCAD坐标（直角坐标、极坐标和其他坐标，见实验二）的使用方法，是快速掌握AutoCAD交互式绘图技术的关键。

2．此处所列106个AutoCAD交互式绘图常用命令只是AutoCAD命令的一部分，表格设置白底和灰底是为命令分类，例如，1～15是基本二维对象绘制命令，16～49是基本编辑（含文本和标注）命令，50～55是属性查询和匹配命令，69～76是操作界面设置命令，77～78是系统变量，79～86是捕捉参数，100～106是基本三维实体绘制命令。

附录二 AutoCAD 命令的 COMMAND 函数调用详解

AutoLISP 提供了绘图函数 COMMAND 和 vl-cmdf，通过它们调用 AutoCAD 的对象绘制和编辑命令实现参数绘图。下面两个表格均以 COMMAND 为例，详细介绍 AutoCAD 命令的调用方法。

附表 2-1 AutoCAD 二维对象绘制命令的 COMMAND 函数调用详解

命令名	调用格式
LIMITS 图形界限	(command "limits" '(0 0) '(297 210) "zoom" "a") 1 2 3 4 1.左下角点 2.右上角点 3、4.全屏显示
LAYER	(command "layer" "m" 1 "c" 1 1 "") 1 2 3 4 5 6 1.设置新当前层 2.层名 3.选颜色 4.颜色号 5.该色赋给的层名 6.结束命令 (command "layer" "m" "0" "c" 1 1 "l" "center" 1 "") 1 2 3 4 5 6 7 8 9 1.设新层 2.新层名 3.设置颜色 4.颜色号 5.该色赋给的层名 6.设置线型 7.线型名 8.该线型赋给层名 9.结束命令 (command "layer" "s" 1 "") 1 2 3 1.选择当前层 2．当前层名 3.结束命令
COLOR	(command "color" 1) ；设置新实体颜色
LINETYPE	(command "linetype" "s" "hidden") ；设置新实体线型
LTSCALE	(command "ltscale" 15) ；设置线型比例
ZOOM	(command "zoom" "w" pw1 pw2) ；放大窗口内物体 (command "zoom" "p") ；恢复上一视图区
LINE	(command "line" p1 p2 "") ；绘直线 (command "line" p1 p2 p3 p1 "") ；封闭图形
	(command "line" p1 p2 p3 "c") ；封闭图形
CIRCLE	(command "circle" '(0 0) 50) ；圆心，半径画圆 (command "circle" "3p" '(0 0) '(1 5) '(5 1)) ；三点画圆
	(command "circle" "2p" '(0 0) '(10 10)) ；两点画圆
	(command "circle" "ttr" p1 p2 R) ；半径，双切定圆
ARC	(command "arc" p1 p2 p3 "") ；三点画弧 p1 p3 为两端点 p2 为通过点 (command "arc" '(10 10) "c" '(5 5) '(5 10) "") ；起点，中心点，中点 (command "arc" '(25 25) "c" '(10 10) "a" 45 "") ；起点，中心点，包含角 (command "arc" '(25 25) "e" '(30 20) "a" -90 "") ；起点，终点，半径
	(command "arc" '(30 20) "e" '(25 25) "r" 10 "") ；起点，终点，包含角

命令名	调用格式
PLINE	(command "pline" '(25 25) "w" 0.4 "" '(10 10) '(0 0) "") 1 2 3 4 5 6 7 1.起点 2.置宽线 3.起始线宽 4.终止线宽<=起始线宽> 5.第二点 6.第三点 7.结束命令 (command "pline" '(25 25) '(25 10) "a" "an" 90 "c" '(25 17.5) "l" '(25 30) "") 1 2 3 4 5 6 7 8 9 10 1.起点 2.第二点 3.转为画弧方式 4.设置包含角 5.包含角度 6.设置中心 7.中心点 8.转为画直线方式 9.到点 10.结束命令 (command "pline" '(40 40) "a" "ce" '(40 10) "a" 180 "cl") 1 2 3 4 5 6 7 1.起点 2.转为画弧方式 3.设置弧心 4.弧心点 5.设置弧包含角 6.包含角度 7.封闭并结束命令
POLYGON	(command "polygon" 6 '(50 50) "c" 10 "") (command "polygon" 6 '(50 50) "i" 10 "") 1 2 3 4 5 1．边数 2.多边形中心 3．i—多边形内接于圆、c—外切于圆 4.外/内接圆半径 5.结束命令 (command "polygon" 6 "e" '(10 10) '(20 10) "") 1 2 3 4 1.边数 2.置边长 3.边第一端点 4.边第二端点
ELLIPSE	(command "ellipse" '(21 21) '(31 21) '(26 27) "") ；轴线（p1 ，p2 确定），偏心矩（指定点）做椭圆 (command "ellipse" p1 p2 "R" r) ；轴线，偏心矩（半径）做椭圆 (command "ellipse" "c" p1 p2 p3) ；中心，两条半轴（指定二点）
TRACE	(command "trace" 0.4 '(10 10) '(10 100) '(100 100) "") 1 2 3 4 5 1.线宽 2、3、4.线上的点 5.结束命令
SOLID	(command "solid" '(100 100) '(150 100) '(150 150) '(100 150) "") ；填充四边形
DONUT	(command "donut" 10 20 '(150 100) "") 1 2 3 4 1.内径 2.外径 3.中心点 4.结束命令
HATCH	(command "hatch" "u" 45 10 "n" "w" '(80 80) '(120 120) "") 1 2 3 4 5 6 7 8 1.自定义型 2.剖面线与水平线夹角 3.线间距 4.不画双剖线 5.置窗口选目标 6.第一角点 7.第二角点 8.结束命令 (command "hatch" "ansi31" 20 0 "w" '(80 80) '(120 120) "") 1 2 3 4 5 6 7 1.图案名 2.图案比例 3.剖面线与45°线夹角 4.置窗口选目标 5.第一角点 6.第二角点 7.结束命令

附表 2-2 COMMAND 函数对编辑命令的调用

命令名	调用格式
ERASE	(command "erase" p1 p2 "w" pw1 pw2 ""); 擦除点 p1、p2 所在线或弧及 pw1、pw2 对角窗口内物体
MOVE	(command "move" pp "" '(300 100) '(300 4)) 1 2 3 4 1.pp 点所在目标 2.选目标结束 3.基点 4.位移第二点 (command "move" "w" '(0 0) '(700 700) "" '(300 100) '(300 0)) ；用 w 窗口选目标
COPY	(command "copy" pp "" '(300 100) '(300 4)) 1 2 3 4 1.pp 点所在目标 2.选目标结束 3.基点 4.拷贝到点 (command "copy" "w" '(0 0) '(700 700) "" "m" pp p1 p2 p3 "") 1 2 3 4 5 6 7 8 1.用 w 选目标 2.选目标结束 3.置多次拷贝 4.基点 5、6、7.拷贝到 p1、p2、p3 点 8.结束命令
MIRROR	(command "mirror" "w" pw1 pw2 "" '(300 100) '(300 4) "n") 1 2 3 4 5 6 7 1、2、3、4.同上 5、6.对称轴上两点 7.不删除原物
ARRAY	(command "array" "w" '(0 0) '(700 700) "" "r" 3 2 100 100) 1 2 3 4 5 6 7 8 9 1、2、3、4.同上 5.置矩形阵列 6.行数 7.列数 8.行间距 9.列间距 (command "array" "w" '(0 0) '(700 700) "" "r" 3 2 100) 1 2 3 4 5 6 7 8 1、2、3、4.同上 5.置矩形阵列 6.行数 7.列数 8.列间距 (command "array" "w" '(0 0) '(700 700) "" "p" p0 4 "360" "n") 1 2 3 4 5 6 7 8 9 1、2、3、4.同上 5.设环形阵列 6.阵列中心 7.阵列数目 8.阵列角度 9.阵列图形不旋转
ROTATE	(command "rotate" "w" '(0 0) '(700 700) "" p0 90) 1 2 3 4 5 6 1、2、3.窗口选目标 4.选目标结束 5.基点 6.转角
SCALE	(command "scale" "w" '(0 0) '(500 500) "" '(200 200) 4) 1 2 3 4 5 6 1、2、3、4.同上 5.缩放基点 6.缩放倍数

附录三 台阶三视图自动设计教学示范系统

一、系统简介

该系统是一个代码量不大但功能相对完整的教学示范系统，较全面地展示了台阶三视图的智能计算与参数化绘图过程。系统具有以下功能：子模块调度（主程序）、人机交互（界面程序）、控件数据收集（数据接收程序）、预览图形（图形控件绘图）、智能计算和参数化绘图（图形窗口的模型空间绘图）、自动标注尺寸（模型空间图形）等。

1．主程序（*.lsp）

主程序的主要实现以下功能：

（1）设置绘图环境

（2）预定义绘图参数集

（3）驱动对话框

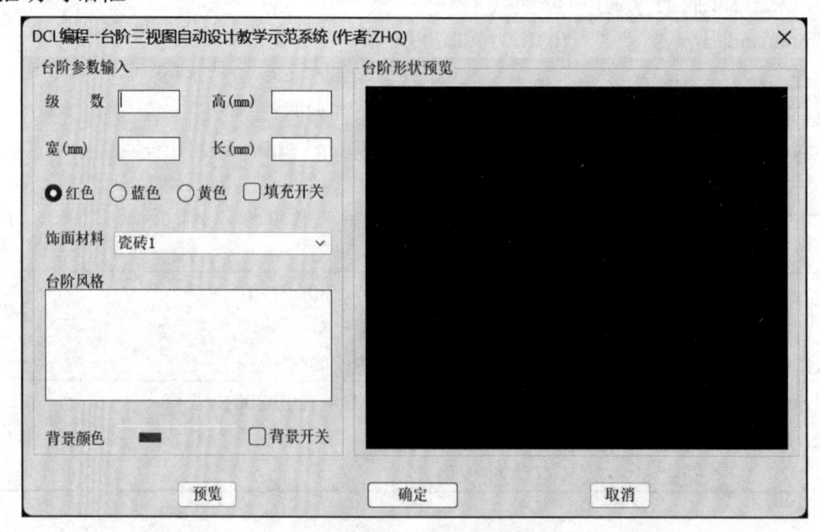

附图 3-1 台阶三视图自动设计示范教学系统界面

2．界面程序（*.dcl）

人机交互界面（图 3-1）主要包括参数输入［编辑框（台阶的级数和尺寸等）、单选按钮（颜色）、下拉列表框（台阶贴饰材料）、列表框（汇总显示台阶的显示参数）、复选框（填充开关、背景开关）］、图形预览（黑色图形控件）、数据确认（“预览”按钮、“确定”按钮和“取消”按钮）3个部分。

这些控制被组织成两行（:row{}），中间以高度为0.5的空格（:spacer{}）分隔。

第一行含两列（:boxed_column{}）：

右边列仅含一个图像控件（:image{}）。

左边列含 6 行，行间以高度为 0.5 的空格分隔：第 1 行和第 2 行均含两列编辑框（:edit_box{}，分别接收台阶的级数、宽度和高度、长度）；第 3 行含 3 个单选按钮（:radio_button{}，提供 3 种台阶饰面颜色选项）以及一个复选框（:toggle{}，台阶颜色的填充开关）；第 4 行是一个下拉列表框（:popup_list{}，提供台阶的饰面材料）；第 5 行是一个列表框（:list_box{}，用于显示选中的台阶参数）；第 6 行含一个颜色滑块（:slider{}，用来设置绘图背景颜色）和复选框（:toggle{}，用来开关背景色填充）。

3．对话框驱动程序

对话框的驱动可以按照固定流程执行，其步骤依次为装入、新建、初始化、关联、激活和卸载。

（1）装入对话框程序（函数 load_dialog，假设对话框程序命名为 zhq_exg.dcl）

例如，(setq dcl_id (load_dialog "zhq_exg.dcl "))

该语句将名为 zhq_exg.dcl（如果不加扩展名，系统会默认为 dcl）的 DCL 文件装入内存，并把装入结果赋给变量 dcl_id。若装入失败，屏幕上会出现一个警告框，dcl_id 被赋值 nil；若成功则赋给 dcl_id 一个用来指示该 DCL 文件本次安装的索引号（正整数，可以在 AutoLISP 驱动程序中设置断点，用来监视索引号的变化情况，以确认对话框的装入状态）。

（2）新建对话框（函数 new_dialog，假设已命名对话框 exg_dcl）

例如，(if (not (new_dialog "exg_dcl" dcl_id)) (exit))

该语句实现对话框 exg_dcl（对话框的名字，出现在对话框程序里的:dialog{}之前的字符串）的新建，并对新建的结果进行判别，成功则程序继续往后执行，失败则退出程序（工程程序不建议直接调用 exit 函数，因为它将直接中断后面所有程序；建议提示用户作出相应的选择，例如，重新操作、跳转其他操作、继续顺序执行或中断所有程序等）。

（3）初始化控件

初始化是定义控件的显示属性或控件被选中时的执行动作，如构造列表框中的表项、按钮开关、滑块等随绘图的改变需要重新设置等。除用到系统函数 set_tile、action_tile、Done_dialog 外，还自定义了初始化函数 showlist（给下拉列表框填入备选项）、chbgcol（根据背景颜色滑块的数值修改图形控件的背景颜色）、get_para（获取对话框控件上的数据）、predraw（在图形控件上绘制根据输入的台阶参数设计的三视图）。

（4）关联用户操作

这部分可以看作根据具体情况来决定执行相应函数的过程。例如，用户在按下 OK 或 Cancel 键后，再执行用户所希望的绘制台阶三视图或取消绘图。如果用户操作较多，可以将这些操作做成模块化的程序，与不同控件关联执行（用 done_dialog 函数返回对应的值，如大于 1 的自然数[系统默认 1 关联 ok 按钮，0 关联 cancel 按钮]）。

（5）激活对话框 (start_dialog)

在显示对话框并初始化构建以后，可用 start_dialog 函数激活该对话框，一旦激活后，它始终处于活动状态，接收系统函数 done_dialog 传回的用户操作需求。此后，可以采用多分支（函数 cond）确定程序的走向。

（6）卸载对话框 (unload_dialog)

例如，(unload_dialog dcl_id)

该语句通过 dcl_id 存储的对话框索引号找到并释放对应的内存块，卸载对话是框驱动程序所完成的最后一个任务。

4．用户操作

系统的用户操作就是根据预览结果，采用对话框接收到的台阶参数绘制台阶的三视图和标注图形。

二、系统代码

1．对话框程序

该文件命名为 zhq_exg.dcl，提供设计台阶三视图的人机交互界面，完整程序如下：

```
exg_dcl:dialog
{
    label="DCL 编程--台阶三视图自动设计教学示范系统 (作者:ZHQ)";
    :row    //两个框列并列成一行
    {
        :boxed_column    //第一个框列
        {
            label="台阶参数输入";
            //width=20;
            :row
            {
                :edit_box{label="级      数";edit_width=6;key="step_num";}
                :spacer{width=1;}
                :edit_box{label="高(mm)";edit_width=6;key="step_hei";}
            }
            :spacer{height=0.5;}
            :row
            {
                :edit_box{label="宽(mm)";edit_width=6;key="step_wid";}
                :spacer{width=1;}
                :edit_box{label="长(mm)";edit_width=6;key="step_len";}
            }
            :spacer{height=0.5;}
            :row
            {
                :radio_button{label="红色";key="rb_red";}
                :radio_button{label="蓝色";key="rb_blue";}
                :radio_button{label="黄色";key="rb_yel";}
                //:radio_button{label="其他";key="rb_other";}
                :toggle{label="填充开关";key="tg_filco";}
```

```
            }
            :spacer{height=0.5;}
            :popup_list{label="饰面材料";width=8;key="step_mat";}
            :spacer{height=0.5;}
            :list_box{label="台阶风格";width=16;height=8;key="step_sty";}
            :spacer{height=0.5;}
            :row
            {
                :text{label="背景颜色";}
                :slider{width=16;key="sd_bgcol";min_value=0;max_value=15;
                small_increment=1;big_increment=1;}
                :toggle{label="背景开关";key="tg_bgcol";}//alignment=right;
            }
        }
        :boxed_column    //第二个框列
        {
            label="台阶形状预览";
            :image{color=-2;aspect_ratio=0.5;key="step_ima";width=55;}//height=10;}
        }
    }////////////////////////////////// 对话框的第一行控件 ////////////////////////////////
    :spacer{height=0.5;} // 对话框的第二行是一个高度为 0.5 的空行
    :row
    {
        :spacer{width=2;}
        :button
        {
            label="预览";key="step_pre";fixed_width=true;
            width=6;//alignment=centered;
        }
        ok_button;
        /*:button
        {
            label="绘图并标注";key="step_draw_dim";fixed_width=true;width=6;
        }*/ //整段程序注释法
        cancel_button;
        :spacer{width=2;}
    }////////////////////////////////// 对话框的第三行 ////////////////////////////////
}// end exg_dcl
```

对话框程序文件可以在 Visual LISP 的 IDE 中编辑（新建、修改），同样可以在此测试

[单击“工具”菜单→“界面工具”→“预览编辑器中的 DCL(E)”，如附图 3-2 所示]，即便还没有编写主程序和其他程序，也能实现对话框界面的预览，但不能执行其中的交互控件（“取消”按钮除外）。

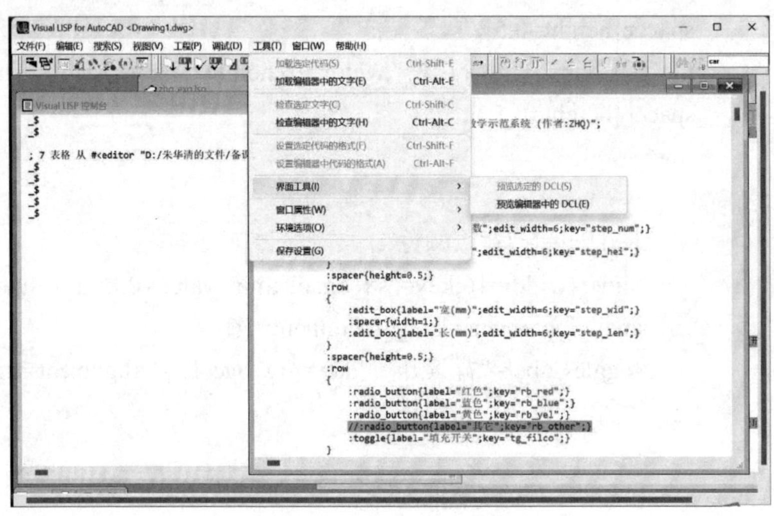

附图 3-2 预览对话框 exg_dcl

另外，通常由于操作系统的安全控制程序的原因，初次在 Visual LISP 的 IDE 中预览对话框程序会出现以下错误：

; 警告:无法为 DCL 创建 tmp 文件 "C:/Program Files/Autodesk/AutoCAD 2020/vld.dcl"

解决方法是更改文件夹 Autodesk（C:/Program Files/）的安全属性，将“安全”页中“组或用户名（G）”中的 Users 权限之“修改”设置为“允许”（附图 3-3）。

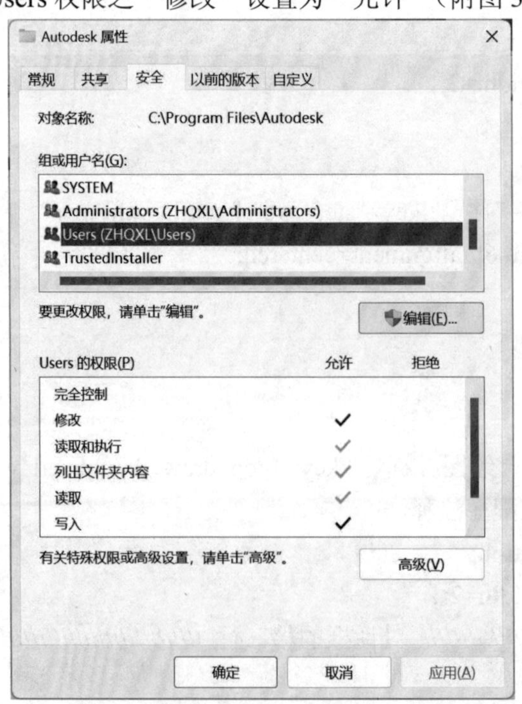

附图 3-3 文件夹 Autodesk 的安全属性

正确的预览结果如附图 3-4 所示。需要说明的是，在对话框预览状态下是不能正确执行对话框上面控件所关联的程序的，因为通用驱动程序只是把对话框显示出来，并没有关联用户操作，甚至连控件的初始化都没有完全实现（例如，自定义的初始化函数 showlist、chbgcol、get_para、predraw 都可能因为无法与控件关联而没有执行）。附图 3-4 为“预览”按钮的执行结果，它需要：

①加载主程序（函数 zhq_exg）、对话框驱动程序（函数 show_dcl）和初始化控件程序（函数 showlist、chbgcol、get_para、predraw 等）；

②再在“控制台”或命令窗口运行标准表(zhq_exg)；

③最后通过输入相应数据并单击“预览”按钮才能出现。

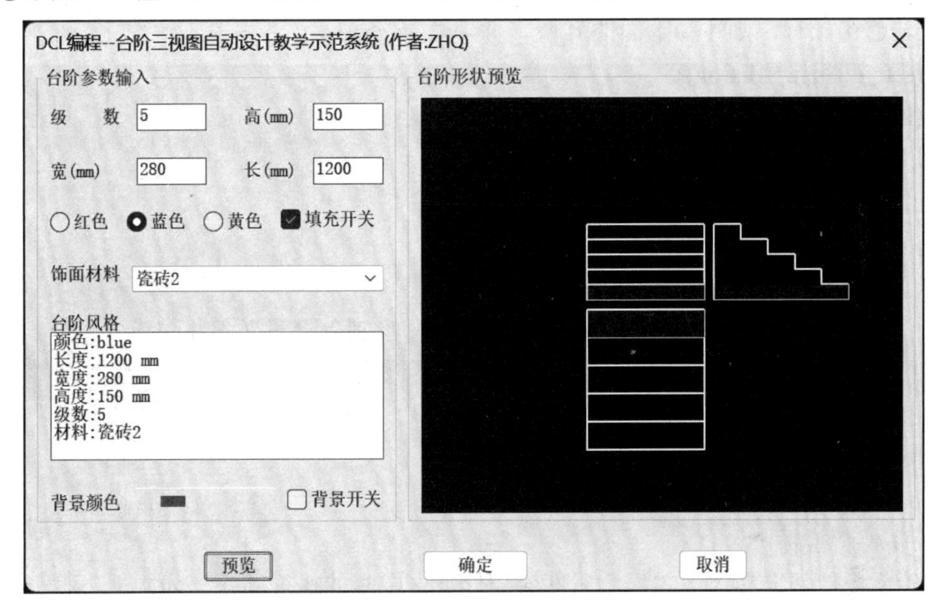

附图 3-4 “预览”按钮的执行结果

2．主程序

```
(defun zhq_exg();主程序
  (setvar "cmdecho" 0)    ;;;可以做更多的绘图环境和规格的设置，参考实验十二
  (setq mat_list '("瓷砖 1" "瓷砖 2" "瓷砖 3" "瓷砖 4" "瓷砖 5" "大理石")
        sty_list '("瓷砖 1")    ;;;set default ceramic tile
        step_col "red"          ;;;set default color
  );end setq
  (show_dcl);调用对话框程序驱动程序
);end zhq_exg
```

3．对话框驱动程序

```
(defun show_dcl();对话框驱动程序
  (setq dcl_id (load_dialog "zhq_exg"));装入对话框定义程序，注意没有指定全路径！
  (if (not (new_dialog "exg_dcl" dcl_id)) (exit));新建对话框，不成功则退出程序
  (showlist "step_mat" mat_list)  ;为材料下拉列表框添加数据
```

```
    (set_tile "rb_red" "1")              ;设置默认颜色
    (action_tile "rb_red"    "(setq step_col \"red\")")  ;;;给双引号中的表传递字符串需用\"…\"
    (action_tile "rb_blue"   "(setq step_col \"blue\")")
    (action_tile "rb_yel"    "(setq step_col \"yellow\")")
    ;(action_tile "tg_filco" "(setq fil_col $value)"); $value 取 tg_filco 开关值，赋给 fil_col
    (action_tile "sd_bgcol" "(chbgcol \"step_ima\" $value)");配合 tg_bgcol 设置 step_ima 背景色
    (action_tile "step_pre" "(get_para)(showlist \"step_sty\" sty_list)(predraw)");预览台阶三视图
    (action_tile "accept"    "(get_para) (done_dialog 1)")
    ;(action_tile "step_draw_dim" "(get_para) (done_dialog 2)")
    ;若启用上行，则注释下面的 if 段，并退注释 cond 段
    (setq dd (start_dialog))
    (if (= dd 1)
        (drawstep);绘制台阶三视图
        (alert "对不起，您取消了绘图程序")
    );end if
    ; (cond ((= dd 1)   (drawstep));绘制台阶三视图
    ;       ((= dd 2)   ((drawstep) (zdimhp ss_z))) ;绘制台阶三视图并注释
    ;        (t          (alert "对不起，您取消了绘图程序"))
    ;);end cond
    (unload_dialog dcl_id)
);end zhq_exg
```

4．初始化控件

初始化控件是定义控件的显示属性或控件被选中时的执行动作，如构造下拉列表框和列表框中的选项，按钮开关和滑块等控件随着人机交互而需要重新设置等。该部分除用到系统函数set_tile、action_tile、Done_dialog外，还自定义了初始化函数showlist（给下拉列表框填入备选项）、chbgcol（根据背景颜色滑块的数值修改图形控件的背景颜色）、get_para（获取对话框控件上的数据）、predraw（在图形控件上绘制根据输入的台阶参数设计的三视图）。

（1）列表框初始化

```
(defun showlist(lkey llist);列表框中选项的填充函数
      (start_list lkey)
         (mapcar 'add_list llist)
      (end_list)
);end showlist
```

（2）图形控件初始化

```
(defun chbgcol(ckey col);背景颜色设置函数
  (setq bg_col (atoi col));col 是通过$value 取得的颜色值，字符串型
  (if   (= (get_tile "tg_bgcol") "1");背景开关选中就填充
        (progn
```

```
            (start_image ckey)
                (fill_image 0 0 (dimx_tile ckey) (dimy_tile ckey) bg_col);填充图形控件
            (end_image)
        );end progn
    );end if
);end chbgcol,10 lines
```

（3）获取对话框上的控件数据

```
(defun get_para();取得台阶参数
  (setq fil_col (get_tile "tg_filco"))                    ;;台阶颜色
  (setq step_ll   (/ (atof (get_tile "step_len")) 10))    ;;台阶的长度
  (if (= step_ll 0) (setq step_ll 120));;设置默认值
  (setq step_ww   (/ (atof (get_tile "step_wid")) 10))    ;;台阶级的宽度
  (if (= step_ww 0) (setq step_ww 25)) ;;设置默认值
  (setq step_hh   (/ (atof (get_tile "step_hei")) 10))    ;;台阶级的高度
  (if (= step_hh 0) (setq step_hh 16)) ;;设置默认值
  (setq step_nn   (atoi (get_tile "step_num")))           ;;台阶级数
  (if (= step_nn 0) (setq step_nn 1 ));;设置默认值
  (setq sty_list (list (strcat "颜色:" step_col)
                     (strcat "长度:" (get_tile "step_len") " mm")
                     (strcat "宽度:" (get_tile "step_wid") " mm")
                     (strcat "高度:" (get_tile "step_hei") " mm")
                     (strcat "级数:" (get_tile "step_num"))
                     (strcat "材料:" (nth (atoi (get_tile "step_mat")) mat_list));转换列表材料
                 )
  );end setq，构建风格列表
);end get_para-尝试将程序里的全局变量设计成局部变量-参考实验二十的综合示例
```

（4）图形控件绘图

```
(defun predraw(/ _ll _hh _ww x0 y0 cenx ceny s_col i j);预览台阶（图形控件绘图）
  (cond ((= step_col "red")      (setq s_col 1))
    ((= step_col "blue")     (setq s_col 5))
    ((= step_col "yellow") (setq s_col 2))
    (t   (setq s_col 7))
  );end cond
  (setq _ll (fix step_ll) _hh (fix step_hh) _ww (fix step_ww) i 0);对话框绘图只能用整数值
  (start_image "step_ima")
  (setq x0 (dimx_tile "step_ima") y0 (dimy_tile "step_ima"))
  (setq cenx (* (/ x0 10) 6) ceny (/ y0 2))       ;设置绘图中心
  (if (null bg_col)
      (fill_image 0 0 x0 y0 -2)
```

```
        (fill_image 0 0 x0 y0 bg_col)
    );end if
    (repeat step_nn
        ;正立面图
        (vector_image (- cenx 5) (- ceny 5 (* _hh i)) (- cenx 5 _ll) (- ceny 5 (* _hh i)) 7)      ;;_
        (vector_image (- cenx 5) (- ceny 5 (* _hh i)) (- cenx 5) (- ceny 5 (* _hh (1+ i))) 7)    ;;I
        (vector_image (- cenx 5 ll) (- ceny 5 (* hh i)) (- cenx 5 _ll) (- ceny 5 (* hh (1+ i))) 7) ;;I
        (vector_image (- cenx 5) (- ceny 5 (* _hh (1+ i)))
                    (- cenx 5 _ll) (- ceny 5 (* _hh (1+ i))) 7);;_
        ;平面图
        (vector_image (- cenx 5) (+ ceny 5 (* _ww i)) (- cenx 5 _ll) (+ ceny 5 (* _ww i)) 7)     ;;_
        (vector_image (- cenx 5) (+ ceny 5 (* _ww i)) (- cenx 5) (+ ceny 5 (* _ww (1+ i))) 7)   ;;I
        (vector_image (- cenx 5 _ll) (+ ceny 5 (* _ww i))
                    (- cenx 5 _ll) (+ ceny 5 (* _ww (1+ i))) 7) ;;I
        (vector_image (- cenx 5) (+ ceny 5 (* _ww (1+ i)))
                    (- cenx 5 _ll) (+ ceny 5 (* _ww (1+ i))) 7) ;;_
        ;侧立面图
        (vector_image (+ cenx 5) (- ceny 5) (+ cenx 5 (* _ww step_nn)) (- ceny 5) 7);;bottom-_
        (vector_image (+ cenx 5) (- ceny 5) (+ cenx 5) (- ceny 5 (* _hh step_nn)) 7) ;;left-I
        (vector_image (+ cenx 5 (* _ww (- step_nn i))) (- ceny 5 (* _hh i))
                    (+ cenx 5 (* _ww (- step_nn i))) (- ceny 5 (* _hh (1+ i))) 7)   ;;right-I
        (vector_image (+ cenx 5 (* _ww (- step_nn i))) (- ceny 5 (* _hh (1+ i)))
                    (+ cenx 5 (* _ww (- step_nn (1+ i)))) (- ceny 5 (* _hh (1+ i))) 7)   ;;_
        (setq i (1+ i))
    );end repeat
    (if (= fil_col "1")
      (progn          ;;填充
        (fill_image   (- cenx 4 _ll) (- ceny 4 _hh) (1- _ll) (1- _hh) s_col)   ;正立面图
        (fill_image   (- cenx 4 _ll) (+ ceny 6) (1- _ll) (1- _ww) s_col)      ;平面图
        (fill_image   (+ cenx 6) (- ceny 4 _hh) (1- (* _ww step_nn)) (1- _hh) s_col) ;侧立面图
      );end progn
    );end if
    (end_image)
);end predraw, 40 lines
```

5．台阶三视图的绘制

```
(defun drawstep( / sysvar step_n pcen pt_cl pt_clx pt_cly tempnum); ss_z)
    ;
```

注意：本程序是通过全局变量在各模块间传递变量的;ss_z是正立面图

```
    (setq sysvar (getvar "osmode"))
```

```
(setvar "osmode" 0)
(command "erase" (ssget "x") "")
(command "limits" '(0 0) '(420 297) "zoom" "all")
(setvar "dimlfac" 10.0)                          ;设置比例尺
;;;;以上是绘图环境设置
(setq pcen (getvar "viewctr") step_n step_nn)
(setq pt_cl (list (+ (car pcen) 5) (+ (cadr pcen) 5)))   ;构造侧立面图左下角点
(setq pt_clx (car pt_cl) pt_cly (cadr pt_cl) tempnum 0) ;取得侧立面图左下角点的 x 和 y 值
;(setq ss_z (ssadd));
;three-view drawing of the stairs
(while (> step_n 0)
  ;正立面图
  (vl-cmdf "rectangle" (list (- (car pcen) 5.0 step_ll) (+ (cadr pcen) 5.0 (* step_hh (1- step_n))))
                       (list (- (car pcen) 5.0) (+ (cadr pcen) 5.0 (* step_hh step_n))))
  ;(ssadd (entlast) ss_z)
  ;平面图
  (vl-cmdf "rectangle" (list (- (car pcen) 5.0 step_ll) (- (cadr pcen) 5.0 (* step_ww step_n)))
                       (list (- (car pcen) 5.0) (- (cadr pcen) 5.0 (* step_ww (1- step_n)))))
  ;侧立面图
  (command "pline" (list (+ pt_clx (* step_ww tempnum))   (+ pt_cly (* step_hh step_n)))
                   (list (+ pt_clx (* step_ww (1+ tempnum))) (+ pt_cly (* step_hh step_n)))
                   (list (+ pt_clx (* step_ww (1+ tempnum))) (+ pt_cly (* step_hh (1- step_n))))
       "");end command-pline
  (command "pline" (list pt_clx (+ pt_cly (* step_hh (1- step_n))))
                   (list pt_clx (+ pt_cly (* step_hh step_n))) "")   ;画台阶侧立面之墙线
  (command "pline" (list (+ pt_clx (* step_ww (1- step_n))) pt_cly)
                   (list (+ pt_clx (* step_ww step_n)) pt_cly) "")   ;画台阶侧立面之地面线
  (setq step_n (1- step_n) tempnum (1+ tempnum));循环变量变化
);end while
;还原系统设置
(command "zoom" "a")
(setvar "osmode" sysvar)
(princ)
);end drawstep, 下面是在“控制台”测试该程序的代码
;(setq step_nn 4 step_hh 16 step_ww 25 step_ll 120)
;(drawstep)
```

这种采用全局变量在函数之间传递参数的方法使用起来看似很方便，但是不利于模块化程序实现高内聚性和低耦合性。在计算机操作系统中，不同程序（如 AutoLISP 函数）处在不同的进程中，而且每个进程还可能控制着多个线程。看似进程之间是独立的，但真正

竞争CPU运算时间的是线程，这意味着首先运行的进程中，也有可能其中的线程处于其后运行程序中线程的后面。在这样的情况下，采用全局变量在AutoLISP函数之间传递参数的方法就很不安全了，安全的做法可以参看实验十六中的函数dstep或d_step。

6．尺寸标注

尺寸标注程序应该可以严格按照尺寸标注的原则标注出定形尺寸、定位尺寸和总体尺寸。台阶作为基本建筑控件，标注定形尺寸和总体尺寸是合理的。下面的程序仅示范台阶三视图中正立面图和平面图的自动标注，功能设计较简单。程序需要用到一些辅助程序，比如，多义线顶点的获取，一并附在后面。

```
(defun zdimhp (ss / ent count p_lst );Do load function gevertex before test this program !
        (if (null ss) (exit));务必检测 SS 不为空！
        (if (null (load "get_plvertex.lsp" nil));(load filename [onfailure])
            (exit);can't load
        );end if
        (SETVAR "DIMBLK" "_ARCHTICK");绘图环境设置
        ;开始标注尺寸
        (repeat (setq count (sslength ss));ss 是传递给函数的选择集
          (setq count (1- count))
          (setq ent (ssname ss count))
          (setq p_lst (getvertex ent))
          (command "dimlinear" (nth 1 p_lst);第一个尺寸线原点
                               (nth 2 p_lst);第二个尺寸线原点
                               (polar (nth 1 p_lst) pi 20);尺寸线位置
          );end command
        );end repeat-定形尺寸
        (command "dimlinear" (nth 2 p_lst);最后画矩形(最上面)的左上角点
                  (nth 1 (getvertex (ssname ss (1- (sslength ss)))));最先画矩形左下角点
                  (polar (nth 1 p_lst) pi 40)
        );end command-总体尺寸
);end defun ;;测试方法如下：
;(zdimhp (ssget));通过 ssget 函数将要标注的矩形构造成选择集
```

下面的程序是标注程序的辅助程序，可以获取到多义线的顶点并构造成绘图点。它可以跟标注程序放在同一个 lsp 程序文件里，也可以单独做成程序文件，再在标注程序的开始位置用load函数加载。

```
(defun getvertex(ent / entype obj vtx vtxlst n ptlst);从左下角点开始逆时针构造顶点
     (vl-load-com);load ActiveX support
     (if ent
          (progn
            (setq entype (cdr (assoc 0 (entget ent))))
            (if (= "LWPOLYLINE" entype)
```

```
                (progn
                    (setq obj (vlax-ename->vla-object ent));Transforms entity to VLA-object
                    (setq vtx (vla-get-Coordinates obj))    ;;不是可直接用于绘图的坐标
                    (setq vtxlst (vlax-safearray->list (vlax-variant-value vtx)));get the vlaue list
                    (setq n 0)
                    (setq ptlst nil)
                    (repeat (/ (length vtxlst) 2)
                                (setq ptlst (append ptlst (list (list (nth n vtxlst)
                                                (nth (1+ n) vtxlst)
                                            );end list-可否去掉这个 list ?
                                    );end list
                            );end append
                    );end setq
                                (setq n (+ n 2))
                    );end repeat
                    (if ptlst ptlst nil) ;;返回构造好的多义线顶点
                );end progn
                (prompt "\n 选取的实体不是多义线!")
            );end if
        );end progn
    );if
);end defun
```

7．系统测试

该系统的代码可以做成两个独立文件，zhq_exg.dcl 存储对话框程序，所有的 lsp 源程序放在一个文件里（可以命名为 zhq_exg.lsp），这样加载程序和运行程序会比较方便。

注意：

①该系统的对话框装入语句没有指定全路径，因此需要事先在“选项”对话框设置好“支持文件搜索路径”，或者采用方法，如在程序里加上路径设置的语句。

②将所有代码输入文件后，加载并运行标准表：

(zhq_exg);启动主程序，运行除标注之外的所有程序

③单独测试标注程序（函数 zdimhp），也就是在完成三视图绘制后，单独加载、测试函数 zdimhp。之后，将函数 drawstep 里注释掉的、涉及选择集 ss_z 的标准表退注释，然后在函数 show_dcl 中找到：

;若启用上行，则注释下面的 if 段，并退注释 cond 段

按照上面注释行的提示完成操作后，保存程序文件，加载并运行标准表：(zhq_exg)

附录四　沉淀池自动设计子系统

一、系统简介

该子系统具有一定的实用性，代码量相对较大，较全面地展示了各型沉淀池的智能计算与参数化绘图过程。系统具有以下功能模块：子模块调度（主程序）、人机交互（界面程序）、控件数据收集（数据接收程序）、智能计算和参数化绘图（图形窗口的模型空间绘图）、自动标注尺寸（模型空间图形）等。

1．主程序（*.lsp）

主程序主要实现以下功能：

（1）设置绘图环境

（2）预定义绘图参数集

（3）驱动对话框（各型沉淀池自动设计子系统界面）

2．界面程序（*.dcl）

附图 4-1 为平流式沉淀池自动设计子系统界面（对话框 plsedpool），主要包括重要参数输入参考（主要是文本框控件，如最大流量、沉淀池数量、SS、表面负荷、沉淀时间、污泥斗外形尺寸等）、沉淀池样图（图形控件）、参数输入（主要是编辑框）、数据确认（主要是命令按钮，如“输入默认数据”、“确定”和“取消”按钮）4 个部分。

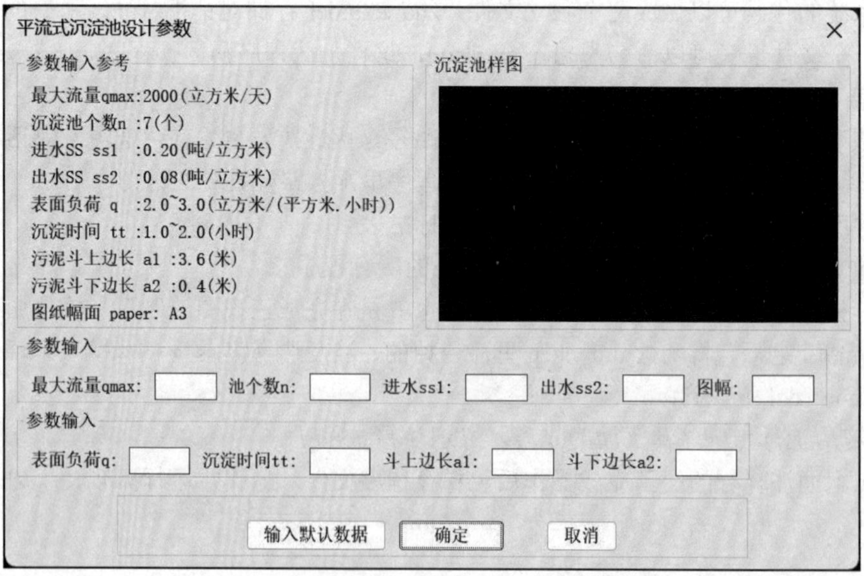

附图 4-1　平流式沉淀池自动设计子系统界面

这些控件被组织成四行（:row{}）：

第一行含两列（:boxed_column{}）：右边列仅含一个图像控件（:image{}）。左边列含九行文本框（:text{ }），分别显示最大流量、沉淀池数量、SS、表面负荷等设计参数的常用范围。

第二、三行均为编辑框（:edit_box{}），用来接收输入的设计参数。

第四行均是命令按钮，分别为:button{label="预览";key="z_prev"; }、:button{label="输入默认数据";key="button_1"; }、ok_cancel（“确认”和“取消”按钮）。

另外，还有3个警告信息对话框（命名为causion、causion1和causion2），如附图4-2所示，分别提示“参数输入错误”“沉淀池长深比不符”“污泥斗过小”。这些对话框中都只定义了文本框（:text{}）和“确定”按键（ok_only）两个控件。仅从功能上看，这3个警告信息对话框与alert消息对话框完全一样，但这样做为设计功能更全面的消息对话框提供了途径。

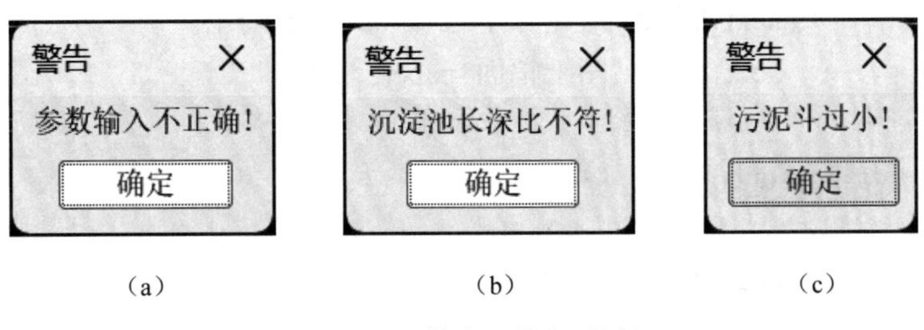

（a）　（b）　（c）

附图4-2 “警告”信息对话框

3．对话框驱动程序

平流式沉淀池自动设计子系统界面由主程序c:pingliu驱动，首先载入对话框程序文件，然后由下面语句新建对话框plsedpool：

```
(if (not (new_dialog "plsedpool" dcl_id))
        (exit)
)
```

“参数输入错误”对话框（causion）由模块plcausion独立驱动，“沉淀池长深比不符”和“污泥斗过小”对话框由平流式沉淀池绘图模块c:pliu驱动。

二、系统代码

1．对话框程序

下面是4个对话框程序的源代码，可以集中写入一个*.dcl文件；也可以分别写入4个文件，在驱动程序中用函数load_dialog装入对话框时注意区分对话框文件名。

```
plsedpool:dialog
{//平流式沉淀池自动设计子系统界面
    label="平流式沉淀池设计参数";
    children_fixed_width=true;
    :row
    {
```

```
        width=75;
        :boxed_column
        {
            label="参数输入参考";
            key="box1";
            :text{label="最大流量 qmax:2000(立方米/天)";}
            :text{label="沉淀池个数 n :7(个)";}
            :text{label="进水 SS ss1    :0.20(吨/立方米)";}
            :text{label="出水 SS ss2    :0.08(吨/立方米)";}
            :text{label="表面负荷 q    :2.0~3.0(立方米/(平方米.小时))";}
            :text{label="沉淀时间 tt :1.0~2.0(小时)";}
            :text{label="污泥斗上边长 a1 :3.6(米)";}
            :text{label="污泥斗下边长 a2 :0.4(米)";}
            :text{label="图纸幅面 paper: A3";}
        }
        :boxed_column
        {
            label="沉淀池样图";
            :image{key="image_pl";width=45;height=10;}
        }
    }//end :row
    :boxed_row
    {
        label="参数输入";
        :edit_box{label="最大流量 qmax:";edit_width=5;key="edit_1";}
        :edit_box{label="池个数 n:";edit_width=5;key="edit_2";}
        :edit_box{label="进水 ss1:";edit_width=5;key="edit_3";}
        :edit_box{label="出水 ss2:";edit_width=5;key="edit_4";}
        :edit_box{label="图幅:";edit_width=5;key="edit_9";}
    }//end boxed_row
    :boxed_row
    {
        label="参数输入";
        alignment=left;
        :edit_box{label="表面负荷 q:";edit_width=5;key="edit_5";}
        :edit_box{label="沉淀时间 tt:";edit_width=5;key="edit_6";}
        :edit_box{label="斗上边长 a1:";edit_width=5;key="edit_7";}
        :edit_box{label="斗下边长 a2:";edit_width=5;key="edit_8";}
    }//end boxed_row
```

```
            :boxed_row
            {
                alignment=centered;
                :spacer{width=12;}
                :button{label="预览";key="z_prev";fixed_width=true;width=6;}
                :button{label="输入默认数据";key="button_1";width=3;}
                ok_cancel;
                :spacer{width=12;}
            }//end boxed_row
    }//end plsedpool dialog

    causion:dialog
    {
        label="警告";
        :text{label="参数输入不正确!";alignment=centered;}
        ok_only;
    }//end causion dialog

    causion1:dialog
    {
        label="警告";
        :text{label="沉淀池长深比不符!";alignment=centered;}
        ok_only;
    }//end causion1 dialog

    causion2:dialog
    {
         label="警告";
         :text{label="污泥斗过小!";alignment=centered;}
         ok_only;
    }//end causion2 dialog
```

2．主程序

主程序完成对话框程序文件的加载、子系统界面的创建、数据收集和传递以及用户操作的关联等功能。

```
;;;;;;;;;;平流式沉淀池设计;;;;;;;;;;
(defun c:pingliu ();;;启动平流式沉淀池的设计
        (setq dcl_id (load_dialog "dcl"));;;加载对话框
```

```
        (if (not (new_dialog "plsedpool" dcl_id))
                (exit)
        );;;创建对话框
        (action_tile "accept" "(ok_pl) (done_dialog 1)")    ;;;关联“确定”按钮功能
        (action_tile "button_1" "(ok_def) (done_dialog 2)") ;;;关联“默认”操作
        (action_tile "z_prev" "(sldprev \"image_pl\")")     ;;;关联“预览”按钮功能
        (action_tile "cancel" "(exit)") ;;;关联“取消”按钮功能
        (setq ok_1 (start_dialog));;;启动对话框
        (unload_dialog dcl_id)   ;;;卸载对话框
        (cond  ((= ok_1 1) (progn (plcausion) (c:pliu)))
               ((= ok_1 2) (c:pliu))
        )
        (princ)
);end defun c:pingliu

(defun sldprev(ima_key / x y)
;;;在图形控件上显示平流式沉淀池的幻灯片
        (setq x (dimx_tile ima_key))
        (setq y (dimy_tile ima_key))
        (start_image ima_key)
        (fill_image 0 0 x y 0)
        (slide_image 0 0 x y "pl.sld")
        (end_image)
);end defun sldprev

(defun ok_def()
;;;设定平流式沉淀池的默认绘图参数
        (setq  qmax  1500.0
               n      7
               ss1   0.20
               ss2   0.06
               q      2.0
               tt    1.2
               a1     3.6
               a2     0.4
               paper "A3"
        )
);end defun ok_def
```

```
(defun ok_pl()
;;;获取用户输入的绘图参数
        (setq qmax (atof (get_tile "edit_1")))
        (setq n (atof (get_tile "edit_2")))
        (setq ss1 (atof (get_tile "edit_3")))
        (setq ss2 (atof (get_tile "edit_4")))
        (setq q (atof (get_tile "edit_5")))
        (setq tt (atof (get_tile "edit_6")))
        (setq a1 (atof (get_tile "edit_7")))
        (setq a2 (atof (get_tile "edit_8")))
        (setq paper (get_tile "edit_9"))
);end defun ok_pl

(defun plcausion ()
;;; “参数输入错误”检测和警告
        (if (not (and (> ss1 ss2)
                      (> qmax 0)
                      (> n 0)
                      (> q 0)
                      (> ss2 0)
                      (> tt 0)
                      (> a1 a2)
                      (> a2 0)
                 );end and
            );end not-condition
            (progn (setq dcl_id (load_dialog "dcl"))
                      (if (not (new_dialog "causion" dcl_id))
                          (exit)
                      );end if
                      (setq ok_1 (start_dialog))
                      (unload_dialog dcl_id)
                      (if (= ok_1 1)
                          (c:pingliu)
                      )
            );end progn
        );end if
);end defun plcausion
```

```
(defun c:pliu (/ i j k l m LAYNUM);;;i j k l m  为局部变量
;;;平流式沉淀池绘图模块
        (setq   ang0 (/ pi 3)    ;污泥斗倾角,由于方斗宜小于60°,采用了固定值
                ang1 0.01;池底坡度,为防止池子变形,由环境设计手册提供数据
                h1      0.3 ;超高,池子的超高至少采用0.3米
                h3      0.5 ;缓冲层高度,一般采用0.3~0.5米
                h5      0.2 ;出水深度
                h6      0.4 ;进水水深
                d0      0.4 ;配水槽宽度
                d1      0.3 ;出水宽度
                d       0.2 ;墙体厚度
                da0     0.15        ;进水挡板高出池内水面
                da1     0.3 ;挡板淹没深度
                da2     0.55        ;挡板距出水口的距离
                da      0.1 ;挡板厚度
        );end setq
        (setq   i    (/ qmax q)
                h2 (* q tt)
                ll (* 5.0 tt 3.6)
                h4 (* (- a1 a2) 0.5 (tan ang0))
                h    (+ h1 h2 h3 h4 h5 h6)
        );end setq-关键设计数据计算
        (if (not (and (> (/ ll h2) 6) (< (/ ll h2) 12.0)));;;池子长深比校核
                (causion1)
        )
        (setq   i    (/ (* qmax (- ss1 ss2) 1.0) (* 1.5 5 n));;;;;;;计算污泥容积
                h4 (* (tan ang0) (/ (- a1 a2) 2.0))
                j    (* 0.33 h4 (+ (* a1 a1) (* a2 a2) (sqrt (* a1 a2))))
        )
        (if (< j (* 0.8 i))
                (causion2)
        );;;;;;;;;;污泥斗大小校核
        ;;
        ;;绘图环境设置
        (command "erase" (ssget "x") "");;;擦除当前屏幕中图形
        (command "osnap" "off")                  ;;;关闭捕捉
        (setvar    "blipmode" 0)
        (setvar "cmdecho" 0)
        (setq p1 (getvar "viewctr"))             ;参考点设为屏幕中心点
```

```
(repeat (setq laynum 6)
    (if (null (tblsearch "layer" (itoa laynum)))
        (command "layer" "n" (itoa laynum) "c" laynum (itoa laynum) "")
    );end if
    (setq laynum (1- laynum))
);end repeat-新建图层并设置颜色
(command "layer" "s" 3 "" "osnap" "off") ;关闭自动捕捉
(setq p0 (getvar "viewctr"))                ;参考点设为屏幕中心点
(setq   p1 (polar p0 0 a2)
        i   (/ (- a1 a2) 2)
        j   (/ i (cos ang0))
        p3 (polar p0 (- pi ang0) j)
        p2 (polar p3 0 a1)
        p4 (polar p2 (atan ang1) (/ (- ll a1) (cos (atan ang1))))
        p5 (polar p3 (* 0.5 pi) (+ h2 h3))
        p5 (polar p5 0 ll)
        p6 (polar p3 (* 0.5 pi) (+ h1 h2 h3))
)
(command "pline" p3 p0 p1 p2 p4 p5 "" "pline" p3 p6 "");;;绘制池体
(setq   i   (polar p5 0 d)
        j   (polar i (* 1.5 pi) h5)
        k   (polar j 0 d1)
        p7 (polar k (* 0.5 pi) (+ h1 h5))
)
(command "pline" p5 i j k p7 "");;;绘制集水槽
(setq   i (polar k 0 d)
        j (polar i (* 1.5 pi) d)
        k (polar j pi (+ d1 d))
)
(command "pline" p7 (polar p7 0 d) i j k "")
(setq   i (list (+ (car p4) d) (- (cadr p4) d))
        j (polar i 0 d)
)
(command "pline" k i j "")
(setq   k (polar j (* 1.5 pi) d)
        i (polar k pi (* 2.5 d))
)
(command "pline" j k i (polar i (* 0.5 pi) d) "");;;绘制沉淀区末端垫层板
(setq   j (polar p3 pi (* d 2))
```

```
          k (polar j (* 1.5 pi) d)
          l (polar k 0 (* 1.3 d))
)
(command "line" j k l (polar p0 (* 1.33 pi) (* 1.2 d)) "");;;绘制污泥斗垫层板
(command "line"
        (polar p0 (+ pi ang0) (* 1.2 d))
        (polar p1 (- (* 2.0 pi) ang0) (* 1.2 d))
        ""
)
(setq   j (/ (/ (- a1 a2) 2) (cos ang0))
          k (polar (polar p1 (- (* 2.0 pi) ang0) (* 1.2 d)) ang0 (- j d))
          l (polar k 0 (* d 2))
)
(command "line"
        (polar p1 (- (* 2.0 pi) ang0) (* 1.2 d))
        k
        l
        (polar l (* 0.5 pi) d)
        (polar i (* 0.5 pi) d)
        ""
);;;绘制沉淀区垫层板
(setq   i (polar p6 pi d)
          j (polar i (* 1.5 pi) (+ h6 d0))
          k (polar j (* 0.75 pi) (* 1.414 d0))
          l (polar i pi d0)
)
(command "line" p6 i j k l "");;;绘制进水槽
(setq   i (polar l pi d)
          k (polar i (* 1.5 pi) (+ h6 (* 0.707 d)))
          j (polar j (* 1.5 pi) (* 1.414 d))
)
(command "line" l i k j "")
(setq   i (polar p3 pi d)
          k (polar i pi d)
)
(command "line" j i k "")
(setq ss (ssget "x"))
(command "hatch" "u" 45 0.2 "n" ss "")
(command "line" p6 p7 "");;;绘制水平线
```

```
(setq   i (polar p6 pi d)
        i (polar i (* 1.5 pi) (* 0.2 h6))
        j (polar i pi d0)
)
;;;;
(repeat 4
        (command "line" i j "")
        (setq i (list (- (car i) (* 0.15 d0)) (- (cadr i) (* d0 0.1))))
        (setq j (list (+ (car j) (* 0.15 d0)) (- (cadr j) (* d0 0.1))))
);;;绘制进水槽水面线
(setq
        i (polar p6 (* 1.5 pi) h1)
        j (polar i 0 da2)
        k (polar j (* 0.5 pi) da0)
        l (polar k 0 da)
        m (polar l (* 1.5 pi) (+ da0 da1))
)
(command "line" i j "" "rectang" k m "");;;绘制布水板
(command "hatch" "u" 45 3 "n" (entlast) "");;;填充池体材料
(setq
    i (polar j 0 da)
    j (polar p5 pi da2)
    k (polar j pi da)
    l (list (car k) (cadr p6))
    m (polar l 0 (* 2 da))
)
(command "line" i k "" "line" j p5 "");;;绘制池顶
(command "layer" "s" 2 "" "osnap" "off")
(command "pline" k l m "");;;绘制淹没出流板
(setq   i (polar m (* 1.5 pi) da)
        k (polar i pi da)
        j (polar j (* 1.5 pi) (* 3 da))
        l (polar j pi (* 3 da))
)
(command "pline" m i k j l "")
(setq   i (polar p5 pi da2)
        i (polar i pi da)
        j (polar l (* 0.5 pi) (* 2.5 da))
        k (polar j 0 da)
```

```
        m (polar k (* 1.5 pi) (* 1.5 da))
)
(command "pline" l j k m (polar m 0 da) i "");;;绘制隔油槽
(setq en (ssget "x" '((8  .  "2"))))
(command "hatch" "u" 45 3 "n" en "")
(setq   i (polar p5 pi (* 8 da2))
        i (polar i (* 1.5 pi) (* 0.2 h6))
        j (polar i pi d0)
)
(repeat 4
        (command "line" i j "")
        (setq i (list (- (car i) (* 0.15 d0)) (- (cadr i) (* d0 0.1))))
        (setq j (list (+ (car j) (* 0.15 d0)) (- (cadr j) (* d0 0.1))))
);end repeat-绘制沉淀区水面线
;;;;;;;;;;;;;;;;;;刮泥车绘制
(setq   i (polar p6 0 (* 0.3 ll))
        j (polar i (* 0.5 pi) d)
        k (polar j pi (* 1.5 d))
        m (polar k 0 (* 0.5 a1))
        o (polar m 0 (* 1.5 d))
)
(command "line"
       k
       o
       ""
       "copy"
       (entlast)
       ""
       o
       (polar o (* 0.5 pi) (* 0.3 d))
       ""
       "arc"
       (polar j pi d)
       "c"
       j
       (polar j 0 d)
       "copy"
       (entlast)
       ""
```

```
        j
        m
        ""
        "arc"
        (polar j pi (* 0.5 d))
        "c"
        j
        (polar j 0 (* 0.5 d))
        "copy"
        (entlast)
        ""
        j
        m
        ""
        "line"
        o
        (polar o (* 0.5 pi) (* 0.3 d))
        ""
        "line"
        k
        (polar k (* 0.5 pi) (* 0.3 d))
        ""
);;;绘制刮泥车
(setq   k (polar k (* 0.5 pi) (* 0.3 d))
        i (polar k (* 0.5 pi) (* 0.15 a1))
        i (polar i 0 (* 0.3 d))
)
(command "rectang" k i)
(setq   i (polar j (* 0.5 pi) (* 0.3 d))
        k (polar i (* 0.45 pi) (* 0.08 a1))
        m (polar k (* 0.15 pi) (* 0.13 a1))
        o (polar o (* 0.5 pi) (* 0.3 d))
)
(command "line" i k m o "")
(setq   j       (polar j 0 d)
        i       (polar p3 (atan ang1) (* 0.4 ll))
        k       (distance i j)
        ang2 (angle i j)
        i       (polar i ang2 (* 0.8 d))
```

```
        m      (polar i ang2 (/ k 2.0))
)
(command "line" i j "")
(command "circle" i (* 0.5 d));;;绘制刮泥滚轮
(command "line" (polar j 0 (- (* 0.5 a1) (* 3.5 d))) m "")
(command "line" (polar j 0 (- (* 0.5 a1) (* 3.9 d))) m "")
(repeat 4
        (command "line" j m "")
        (setq j (polar j 0 (* 0.4 d)))
)
(setq   k (inters j m p6 (polar p6 0 ll))
        m (polar p6 (* 1.5 pi) h1)
        m (polar m 0 (* 0.38 ll))
)
(command "line"
        k
        m
        ""
        "copy"
        (entlast)
        ""
        k
        (polar k pi (* 0.4 d))
)
;;;;;;;;;;
(setq   i (polar p7 (* 1.5 pi) (+ h1 h5))
        j (polar i 0 d)
        k (polar j (* 0.5 pi) d)
        k (polar k 0 (* 0.3 a1))
)
(command "rectang" j k);;;绘制出水管
(command "pline"
        (setq k (polar k (* 1.75 pi) d))
        (setq k (polar k 0 (* 3 d)))
        "w"
        (* 0.65 d)
        0.0
        (polar k 0 d)
        ""
```

```
)
(if (null (tblsearch "style" "zhqxl"))
        (command "style" "zhqxl" "simplex" (* 2.0 d) 0.9 0 "n" "n" "n")
);END IF
(command "mtext"
      (polar k (* 0.25 pi) (* 3.5 d))
      "s"
      "zhqxl"
      (polar k (* 1.75 pi) (* 6.0 d))
      "出水"
      ""
)
(command "mtext"
      (polar p6 (* 0.75 pi) (* 6.0 d))
      "s"
      "zhqxl"
      (polar k (* 0.25 pi) (* 6.0 d))
      "进水"
      ""
)
(setq   i (polar p0 pi (* 1.2 d))
        j (polar i (- pi ang0) (* 1.2 d))
        k (polar i pi (* 4.0 d))
        m (polar j pi (* 4.0 d))
)
(command "line" i k m j "")
(command "pline"
      (setq k (polar k pi d))
      (setq k (polar k pi (* 3 d)))
      "w"
      (* 0.65 d)
      0.0
      (polar k pi d)
      ""
)
(command "mtext"
      (polar k pi (* 6.0 d))
      "s"
      "zhqxl"
```

```
        (polar k (* 1.75 pi) (* 6.0 d))
        "排泥"
        ""
)
(command "zoom"
        "w"
        (polar p6 (* 0.75 pi) (* 0.3 ll))
        (polar p4 (* 1.75 pi) (* 0.3 ll))
)
(command "layer" "s" 4 "" "osnap" "off")
(setq   list1 (list p0 p3 p3
                (polar p5 pi (+ d d d0 ll))
                (polar p5 pi (+ d d d0 ll))
                (polar p6 pi (+ d0 d d))
            )
        list2 (list (polar p6 pi (+ d d d0))
                p6
                p6
                p7
                p0
                p1
                p3
                p2
                (polar p5 0 d)
                (polar p5 0 (+ d d1))
            )
)
(cond   ((= paper "A0") (setq AA '(1189 841)))
        ((= paper "A1") (setq AA '(841 594)))
        ((= paper "A2") (setq AA '(594 420)))
        ((= paper "A3") (setq AA '(420 297)))
        (t (setq AA '(297 210)))
);;;设置图纸幅面
(setq   len (car AA)
        wid (cadr AA)
)
(setq   sscale (min (/ len ll) (/ wid h))
        sscale (* 0.5 sscale)
)
```

```
(setvar "dimblk" "_archtick")
(setvar "dimtih" 0)
(setvar "dimtxt" (* 1.5 d sscale))
(setvar "dimasz" (* sscale d))
(setvar "dimexe" (* sscale d))
(setvar "dimgap" (* sscale d))
(setvar "dimexo" (* d sscale))
(plddim list1 list2);;;尺寸标注
(command "dim"
        "hor"
        (polar p6 pi (+ d d d0))
        p7
        (polar p7 (/ pi 2) (* 1.0 a1))
        (rtos (* 1000 (- (car p7) (car (polar p6 pi (+ d d d0))))) 2 2)
        "exit"
)
(command "dim"
        "ver"
        p0
        (polar p6 pi (+ d d d0))
        (polar p6 pi (* 0.8 a1))
        (rtos (- (cadr p6) (cadr p0)) 2 2)
        "exit"
)
(command "layer" "s" 3 "" "osnap" "off")
(setq    i (polar p4 (* 1.05 pi) (* 0.3 ll))
         j (polar i (* 1.5 pi) (/ ll 3))
)
(command "mtext"
         i
         "s"
         "zhqxl"
         "j"
         "ml"
         j
         "
         1.本图高程以米计,其余尺寸均以毫米计;
         2.周边填充部分为墙体;
         3.刮泥设备及电机装置为示意图;
```

```
                4.管道实际安装尺寸由施工定;
                5.本图应配合其他专业尺寸一起施工,
                发现问题时应及时和设计人员联系,确定解决办法;"
                ""
        );;;绘制图纸说明
        (setq pname "平流式沉淀池")
        (c:paperset)
        (setq l '(qmax q ll tt ss1 ss2 a1 a2 h1 h2 h3 h4 h5 h6 da0 da1 da2 da d0 d1 ang0 ang1 pname))
        (fk l);;;;;赋空
        (setq i nil)
);end defun c:pliu
(defun plddim (list1 list2)
;;;平流式沉淀池标注程序
        (setq   i 0
                j 1
        )
        (repeat (/ (length list1) 2)
                (setq j1 (nth i list1)
                      j2 (nth j list1)
                      i   (+ i 2)
                      j   (+ j 2)
                )
                (command "dim"
                      "ver"
                      j1
                      j2
                      (polar j2 pi (* 0.4 a1))
                      (rtos (- (cadr j2) (cadr j1)) 2 2)
                      "exit"
                )
        );end repeat
        (setq   i 0
                j 1
        )
        (repeat (/ (length list2) 2)
                (setq j1 (nth i list2)
                      j2 (nth j list2)
                      i   (+ i 2)
                      j   (+ j 2)
```

```
        )
        (command "dim"
            "hor"
            j1
            j2
            (polar j2 (/ pi 2) (* 0.6 a1))
            (rtos (* 1000 (- (car j2) (car j1))) 2 2)
            "exit"
        )
    );end repeat
);end defun plddim
(defun tan (a)
    (/ (sin a) (cos a))
)

(defun causion1()
;;; “沉淀池长深比不符” 检测和警告
    (setq dcl_id (load_dialog "mydcl2"))
    (if (not (new_dialog "causion1" dcl_id))
        (exit)
    )
    (setq ok_1 (start_dialog))
    (unload_dialog dcl_id)
    (if (= ok_1 1)
        (c:pingliu)
    )
);end defun causion1

(defun causion2()
;;; “污泥斗过小” 检测和警告
    (setq dcl_id (load_dialog "mydcl2"))
    (if (not (new_dialog "causion2" dcl_id))
        (exit)
    )
    (setq ok_1 (start_dialog))
    (unload_dialog dcl_id)
    (if (= ok_1 1)
        (c:pingliu)
    )
```

```
);end defun causion2

(defun c:paperset ()
    (command "layer" "s" 6 "")
    (command "zoom" "e")
    (cond    ((= paper "A0") (setq AA '(1189 841)))
             ((= paper "A1") (setq AA '(841 594)))
             ((= paper "A2") (setq AA '(594 420)))
             ((= paper "A3") (setq AA '(420 297)))
             (t         (setq AA '(297 210)))
    )
    (setq len (car AA)
        wid (cadr AA)
    )
    (setq sscale (min (/ len ll) (/ wid h))
        sscale (* 0.5 sscale)
    )
    (setq en (ssget "x"))
    (command "scale" en "" p1 sscale)
     (command "zoom" "e")
    (command "move"
        (ssget "x")
        ""
        (getvar "viewctr")
        (list (* 0.5 (car AA)) (* 0.5 (cadr AA)))
    )
    (command "rectang" '(0 0) AA)
    (cond    ((= paper "A0")(setq c 10.0 a 25.0))
             ((= paper "A1")(setq c 10.0 a 25.0))
             ((= paper "A2")(setq c 10.0 a 25.0))
             ((= paper "A3")(setq c 5.0   a 25.0))
             (t              (setq c 5.0 a 25.0))
    )
    (setq i (list a c)
        j (polar AA (* 1.25 pi) (* c (sqrt 2)))
    )
    (command "rectang" i j)
;;;;;;;绘制标题栏;;;;;;
    (setq i (polar i 0 (- (car AA) a c))
```

```
        j (polar i (* 0.5 pi) 40)
        k (polar j pi 180)
        m (polar i pi 180)
)
(command "rectang" i k)
(if (null (tblsearch "style" "style2"))
        (command "style" "style2" "simplex" (* 1.0 6) 0.9 0 "n" "n" "n")
);end if
(setqj (polar i pi 40)
        k (polar j (* 0.5 pi) 40)
)
(command "line" j k "" "mtext" i "s" "style2""j" "mc" k (strcat "图幅:" paper) "")
(setq k (polar j (* 0.5 pi) 25)
        m (polar k pi 140)
        j (polar k pi 80)
)
(command "line"
        k
        m
        ""
        "line"
        j
        (polar j (* 0.5 pi) 15)
        ""
)
(command "mtext"
        m
        "s"
        "style2"
        "j"
        "mc"
        (polar j (* 0.5 pi) 15)
        "景德镇陶瓷大学"
        ""
        "mtext"
        (polar j (* 0.5 pi) 15)
        "s"
        "style2"
        "j"
```

```
			"mc"
			k
			"沉淀池设计样图"
			""
		)
		(setq j (polar i pi 180)
			m (polar i pi 130)
		)
		(command	"mtext"
			j
			"s"
			"style2"
			"j"
			"mc"
			(polar m (* 0.5 pi) 25)
			"作者:zhq"
			""
		)
		(command "line"
			m
			(polar m (* 0.5 pi) 25)
			""
			"mtext"
			(polar m (* 0.5 pi) 25)
			"s"
			"style2"
			"j"
			"mc"
			(polar i pi 40)
			(strcat "" pname)
			""
		)
		(command "zoom" "e")
)end defun c:paperset

(defun fk (l / i);;;l 为将要赋空的变量名表
;;;赋空函数,功能模块结束时调用
		(setq i 0)
		(repeat (length l)
```

```
            (set (nth i l) nil)
            (setq i (+ i 1))
        )
);end defun fk
```

附录五 “环境工程 CAD”课程行动导向教学方法

一、课程简介

景德镇陶瓷大学环境工程专业以提升陶瓷行业发展潜力为目标，以陶瓷行业的水污染防治、大气污染控制、固体废物资源化利用等专业方向的技术研发和工程应用知识为主干教学内容，强调理论与工程应用相结合。“环境工程 CAD”是培养高素质、创新型环境工程专业技术人才的必修专业技能课程，主要提供环境工程设计基础、设计工具、设计方法等方面的重要知识。课程教学期望达成以下目标：

素质目标：积极适应环境工程设计方面的未知工作，主动学习专业领域知识、解决专业设计问题的能力。

能力目标：熟悉行业污染防治工程的设计方法，熟练运用 AutoCAD 绘图技术，快速、高效完成污染防治工程项目的选址、计算以及施工图绘制等设计工作。

知识目标：夯实专业基础，科学分析行业污染问题，探索影响防治效果的关键因素，寻求经济、高效和无害化的解决方案。

思政目标：团队协作、积极奉献。

二、教学沿革

该课程设立于 2002 年，以弥补当时专业教学计划中环境工程制图和计算机辅助设计技术教学内容的缺失。随后，“环境工程设计基础”课程被剔除专业教学计划，其部分内容归入本课程，但课程总学时压缩了近 50%。这个阶段的课程教学面对的问题主要有：课程涉及的专业知识面广而泛，操作示范性内容偏多，专业教学资料缺乏，教学经验不足，课程教学难度增大。为应对这些困难，编者在课程知识体系建设和案例教学等方面开展了大量的教学实践和教改研究工作，建立了较完备的案例教学文件系统和教学示范系统，促进了部分教学过程由课堂教学向课外教学转移。

自“新工科”建设工作开展以来，专业课教学改革延续了课时压缩的趋势，该课程总学时又压缩将近 20%。为了全面贯彻党的二十大精神，编者就增强课程的实用性、培养创新性学习能力、教学全过程考核和“课程思政”等开展教研，课程相继引入了 AutoCAD 智能计算技术和专业方向（水处理、大气污染控制以及噪声污染控制等）的工程计算与参数化绘图等内容。教学内容的不断增加，即便采用案例教学，课时仍显不足；而且教学参与不足、学习积极性偏低、课外教学效果没有保障等问题越来越严重。另外，由于课程部分内容的学习难度较大，学生在教学过程中表现出心态浮躁、消极懒散、畏难厌学等负面情绪，不利于专业技能的提高和职业素质的培养。传统的教学方法和教学设计难以达成课程教学目标，亟须转换教学主体、转移教学过程和倡导团队互助学习。

为了彻底转换教学主体，引导学生依据教学案例的范式在课外自主学习；充分调动学生学习的主动性，强化课堂参与和课堂互动；培养学生适应环境工程设计方面的未知工作、团结协作学习专业领域知识、解决专业设计问题的能力，编者将“行动导向”教学方法试行于本课程的教学。多轮次教学实践表明，该教学方法能有效地转换教学主体，转移教学过程，引导研究式学习，培养团队协作精神，激励学习积极性，有力保证课外教学和实践教学效果。为保证课程教学的长期、稳定、有序和有效开展，特制定本教学方法（教学设计思路见附图 5-1）。

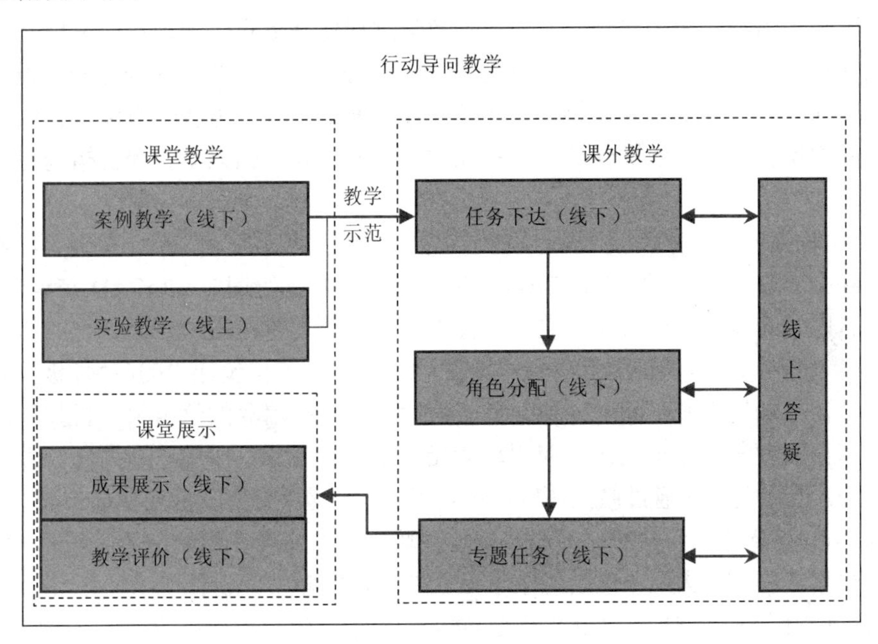

附图 5-1 教学设计思路

三、任务下达

任课教师在第一次课（线下案例教学环节）上详细介绍本课程的教学目标和任务、实施计划和考核方法，强调本方法是课程教学考核的实施依据；于第二次课前建立起可靠的线上教学平台和通信机制，上传本方法和相关学习资料到线上教学平台，并要求所有学生认真学习、严格遵守，积极与导师沟通。任务下达环节还要求所有学生自行选择教学专题、组建教学团队，拟定学习、交流机制，并及时与导师取得联系。任课教师可以就任务下达过程（线上交流记录、专题选择和教学团队的组建、教学计划的制订等）的执行结果进行考核。

四、角色分配

第二次课前完成学生分组（4～5 人/组，可视具体情况变动），学生自行推选组长并进行角色分配（主讲、案例、课件、文献等），制订任务实施方案和专题教学计划；每个组员须在组长的指挥下尽量参与到所有角色任务之中，而不仅仅是完成本角色的任务。角色分配过程也是课程考核内容，最先选出小组长并确定组员角色的小组可以获得专题（附录三）

的优先选择权和加分奖励。教师对角色分配过程进行考核，并将考核结果纳入课程成绩；根据分组和角色分配时间确定学生参与的积极性、自律性等，并给予相应评分（评分最终算入课程成绩）。

五、案例教学

案例教学是行动导向教学过程中重要的示范教学过程，由任课教师负责实施，就课程的重点和难点知识，结合工程案例详细讲解；重点解决学生教学团队在完成专题任务过程中所需关键知识的高效教学问题，并为课外教学过程建立范式（知识点的发现、问题的解决和知识体系的构建）。为了充分发挥教学案例的科学性、实用性、集成性和启发性，任课教师应该选择具有良好实用性、科学性和综合性的教学专题作为教学案例，详细介绍专题任务的实施方法和过程，剖析任务构成和知识节点的关系，强调质量评价措施在教学过程中的作用。

“环境工程 CAD”教学大纲规定的主要教学内容包括环境工程设计基础、环境工程设施识图、AutoCAD绘图基础、AutoCAD智能计算和参数化绘图、AutoCAD在建筑构配件、水处理设施以及其他污染治理设施设计过程中的应用等内容。国内同类课程的常规教学过程常常忽略AutoCAD智能计算和参数化绘图技术在环境工程设计中的应用，极大地限制了环境工程设计效率的提升空间，导致课程教学对专业技能培养的价值大打折扣；甚至出现专业设计理论的教学与 AutoCAD 应用教学相互割裂的现象，以致学非所用，专业竞争和自信力下降。课程负责人通过教改研究，建立了教学示范系统（集成了AutoCAD交互式绘图、AutoCAD 智能计算和参数化绘图及其在环境工程专业设计中的应用等技术）和教学文件系统（根据课程教学大纲，结合教学示范系统编写的教案、讲稿、实验指导书等文件），特别是对工程设计案例剖析、提炼并综合教学规律而成的教学案例，具有了较好的科学性、实用性、集成性和启发性。学生教学团队可以通过对教学案例的高效学习、模仿和修改，完成专题任务的专业学习、方案拟订、代码编写和PPT 制作等。

六、专题任务

专题任务过程是指角色分配结束后，学生教学团队为完成专题任务而进行的主动学习过程。

1. 主动学习

在组长的协调下，组员分工协作，共同完成专题任务，具体包括：

①根据角色任务，学习、掌握专题任务所涉及的环境工程专业知识（参考“教学专题清单”）。

②以专题核心内容为关键词查找文献（中国知网，网址：www.cnki.net，pdf文件），编写教学案例（搜集专题指定设施或设备的设计参数，撰写设计说明书[docx 文件]、编写并测试智能计算和参数化绘图程序[仅 lsp 文件或 lsp 和 dcl 文件]）。

③查找素材，制作用于成果展示的多媒体课件（pptx 文件）。

④制作讲稿，介绍专题任务的完成过程；合并教学案例和讲稿，编辑成专题任务中所指定环境工程设施或设备的设计说明书；拟订课堂思考题，以备课堂展示过程中的互动环节（docx 文件）。

⑤课外反复研习教学文件，制定详细的课堂展示方案。

2．要求

①教学案例需要具有科学性（符合教学大纲对专题所属章节的要求，讲稿中的专业理论部分需要尽可能覆盖更多的大纲知识点）、实用性（符合办公、专业研究和应用等方面的基本需要）和可行性（在掌握课程大纲规定教学内容的条件下易于实现，并具有易学易用、可演示等特点）。

②角色分配只是对组员在成果展示过程中所承担角色的要求，并不是严格限定其在完成专题任务过程中仅需承担的唯一角色；本方法提倡紧密协作，互相学习，达成每个组员尽可能完全掌握本专题所涉及知识点和实用技能的目标。

③组长必须在课外召集组员进行集中学习（可以是有场地的集中学习，也可以是网络集中学习、讨论），并安排组员对学习过程进行详细记录（配佐证图片的 docx 文件）；主动与导师取得联系、交流，并记录交流内容；组长负责对组员的角色任务完成过程进行考核、记录。

3．考核材料

专题任务工作完成后，组长给每个组员评定课外成绩（百分制，按专题任务完成情况、团队协作表现、师生互动表现等方面进行评价），写进一个文本文件（txt 文件，每人一行，内容为：学号+空格+姓名+空格+成绩；小组长自己的成绩空白，由任课教师评定），并随学习记录（包括专题任务、成果展示等过程的记录，docx 文件）、文献（pdf 或其他形式的文件）、多媒体课件（pptx 文件以及链接的视频和图片等）和说明书（docx 文件）的电子文件一起打包，包文件（zip 或 rar 格式文件）以专题名命名，课堂展示结束后一周内上交任课老师审核。

七、课堂展示

课堂展示过程包括成果展示（理论讲解、案例分析、现场交流）、教学评价和教师点评等过程，是专业知识点教学、专题学习成果和经验交流的过程，也是课程理论教学的重要组成。该过程一般安排在最后 1～2 次实验课内，以理论教学的组织方式实施。

1．成果展示

每个专题的成果展示时间为 20～25 分钟（或长或短，视具体教学情况调整），主讲人负责理论讲解（限时 10 分钟），案例分析员负责专题演示和案例解析（限时 5～10 分钟），答疑人负责现场答疑或交流（限时 5 分钟），课件制作或文献收集人员负责课堂记录（其他教学团队成员在答疑期间的提问，作为个人奖励依据），并维护课堂纪律（详细记录违反课堂纪律的情况，作为个人惩罚依据；若有故意漏记违纪而被任课教师记录的情况，视为该教学团队集体惩罚依据）；组长负责导调本组的成果展示过程、组员工作点评、专题总结等事务。

2．教学评价

课堂展示环节设立评委，由 8～10 个学生教学团队的组长组成（1 人负责协调、统分，余者依据本方法的第九节第 1 条进行评分，去掉最高分和最低分后取平均值，记为评委成绩）。任课教师任总评委，根据成果展示的质量、组员协作表现、课堂纪律等情况评定课堂展示成绩（总评委成绩），专题成绩=评委成绩×100%（或评委成绩×80%+总评委成绩×20%）。

3．教师点评

教师点评的总时间不超过 1 个课时，在肯定成绩的基础上，指出每个专题在任务下达、角色分配、专题任务、成果展示等过程中的不足，并补充讲解课堂展示过程中遗漏的知识点。

八、课堂奖惩规则

为了在课程教学过程中营造严肃、活泼、有序的课堂氛围，制定相应的奖惩规则，例如：

奖：任务下达、角色分配和专题任务过程的出色表现，课堂展示过程中有序、主动提出被主讲人或任课教师认可的问题或建议等。

惩：旷课、请假或早退，被任课教师、主讲人或课件制作等人纪律点名等。

九、课程评价方法

1．评委评分规则

（1）题材内容（40 分）

专业理论讲解清楚正确，教学案例剖析科学合理，内容丰富翔实等。分 4 个档次，分别为 A（36～40）、B（32～35）、C（28～31）、D（24～27）。

（2）语言表达（20 分）

声音洪亮、清晰，语言流畅、优美，表达简明、准确，富有吸引力等。分 4 个档次，分别为 A（18～20）、B（16～17）、C（13～15）、D（10～12）。

（3）艺术表现（20 分）

PPT 制作精美，文字大小合适，色调对比鲜明，配图（动画或视频）形象生动，科学性与趣味性兼具；组长指挥得当，组员分工明确，协调有序等。分 4 个档次，分别为 A（18～10）、B（16～17）、C（13～15）、D（10～12）。

（4）课堂氛围（20 分）

课堂氛围轻松、活跃，互动性强，纪律性好，参与度高等。分 4 个档次，分别为 A（18～10）、B（16～17）、C（13～15）、D（10～12）。

2．课程成绩评定方法

课程总成绩评定方法依据“环境工程 CAD”课程教学大纲中的规定执行，即

课程总成绩=闭卷考试×50%+教学参与（出勤成绩）×10%+实验×10%+专题成绩×30%

十、教学专题清单

1．格栅的智能计算和参数绘图

专业知识参考《污水处理构筑物设计与计算》第三章第一节。

2．调节池的智能设计计算和参数绘图

专业知识参考《污水处理构筑物设计与计算》第三章第一节。

3．涡流沉砂池的智能计算和参数绘图

专业知识参考《污水处理构筑物设计与计算》第三章第二节。

4．曝气沉砂池的智能计算和参数绘图

专业知识参考《污水处理构筑物设计与计算》第三章第二节。

5．平流式沉淀池的智能计算和参数绘图

专业知识参考《污水处理构筑物设计与计算》第三章第三节。

6．辐流式沉淀池的智能计算和参数绘图

专业知识参考《污水处理构筑物设计与计算》第三章第三节。

7．竖流式沉淀池的智能计算和参数绘图

专业知识参考《污水处理构筑物设计与计算》第三章第三节。

8．斜管斜板式沉淀池的智能计算和参数绘图

专业知识参考《污水处理构筑物设计与计算》第三章第三节。

9．活性污泥反应器的智能计算和参数绘图

专业知识参考《污水处理构筑物设计与计算》第四章和第八章，以及《环境工程设计手册》第二章第二十节（具体工艺有很多种，可任选一种）。

10．高负荷生物滤池的智能计算和参数绘图

专业知识参考《污水处理构筑物设计与计算》第四章和第八章，以及《环境工程设计手册》第二章第十九节（2.19.1）。

11．塔式生物滤池的智能计算和参数绘图

专业知识参考《污水处理构筑物设计与计算》第四章和第八章，以及《环境工程设计手册》第二章第十九节（2.19.2）。

12．淹没式生物滤池的智能计算和参数绘图

专业知识参考《污水处理构筑物设计与计算》第四章和第八章，以及《环境工程设计手册》第二章第十九节（2.19.3）。

13．污泥浓缩池的智能计算和参数绘图

专业知识参考《污水处理构筑物设计与计算》第六章第三节。

14．污泥消化池的智能计算和参数绘图

专业知识参考《污水处理构筑物设计与计算》第六章第四节。

15．重力沉降室的智能计算和参数绘图

专业知识参考《大气污染控制工程》第六章第一节。

16．旋风除尘器（干式）的智能计算和参数绘图

专业知识参考《大气污染控制工程》第六章第一节。

17．旋风除尘器（湿式）的智能计算和参数绘图

专业知识参考《大气污染控制工程》第六章第一、三节。

18．有毒气体集气罩的智能计算和参数绘图

专业知识参考《大气污染控制工程》第十三章第四、五节，以及《环境工程设计手册》第一章第三节。

19．含尘气体集气罩的智能计算和参数绘图

专业知识参考《大气污染控制工程》第十三章第四、五节，以及《环境工程设计手册》第一章第三节。

20．共振吸声结构的智能计算和参数绘图

专业知识参考《环境噪声控制工程》第七章第三节，以及《环境工程设计手册》第三章第二节。

21．穿孔板吸声结构的智能计算和参数绘图

专业知识参考《环境噪声控制工程》第七章第三节，以及《环境工程设计手册》第三章第二节。

22．室内吸声降噪的智能计算和参数绘图

专业知识参考《环境噪声控制工程》第七章第四节，以及《环境工程设计手册》第三章第二节。

所有专题中的AutoLISP程序设计方面的知识可以参考《Auto LISP及应用开发技术》（陈道洁、付守默编著，成都科技大学出版社1995年版）和*AutoLISP references*（Visual LISP帮助文件），案例程序和其他电子文件均可以在课程教学群文件中找到。

参考文献

[1] 朱华清，陈云霞，叶君耀. 环境工程 CAD 技术[M]. 上海：华东理工大学出版社，2011.

[2] 陈道洁，付守默. AutoLISP 及应用开发技术[M]. 成都：成都科技大学出版社，1995.

[3] 二代龙震工作室. AutoCAD LISP/VLISP 函数库查询辞典[M]. 北京：中国铁道出版社，2003.

[4] 杨松林，高慧琴，秦乐乐，等. 环境工程 CAD 技术应用及实例：基于 AutoCAD 2004 软件平台[M]. 北京：化学工业出版社，2005.

[5] 李子铮，李超，张跃. AutoLISP 实例教程[M]. 北京：机械工业出版社，2007.

[6] 吴永进. AutoLISP & DCL 基础篇[M]. 北京：中国铁道出版社，2003.

[7] 刘志刚. AutoCAD 2000 Visual LISP 开发人员指南[M]. 北京：中国电力出版社，2001.

[8] 吴泉源，刘江宁. 人工智能与专家系统[M]. 北京：国防科技大学出版社，1995.

[9] 韩洪军. 污水处理构筑物设计与计算[M]. 哈尔滨：哈尔滨工业大学出版社，2002.

[10] 魏先勋. 环境工程设计手册[M]. 长沙：湖南科学技术出版社，2002.

[11] 郝吉明，马广大，俞珂，等. 大气污染控制工程[M]. 北京：高等教育出版社，1989.

[12] 朱华清，刘思敏.《环境工程 CAD 技术》课程的案例教学研究[J]. 广州化工，2014，42（12）：207-209.

[13] 中华人民共和国住房和城乡建设部，中华人民共和国国家质量监督检验检疫总局. 房屋建筑制图统一标准　建筑规范[M]. 北京：中国建筑工业出版社，2018.